高度专注

快速提升做事效率的秘密法则

程静　编著

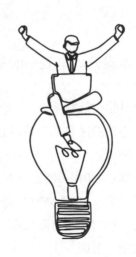

北京日报出版社

图书在版编目（CIP）数据

高度专注：快速提升做事效率的秘密法则 / 程静编
著. -- 北京：北京日报出版社，2024. 10. -- ISBN
978-7-5477-5038-4

Ⅰ. B842.3-49

中国国家版本馆CIP数据核字第202461RX57号

高度专注：快速提升做事效率的秘密法则

出版发行：北京日报出版社

地　　址：北京市东城区东单三条8-16号东方广场东配楼四层

邮　　编：100005

电　　话：发行部：（010）65255876

　　　　　　总编室：（010）65252135

印　　刷：三河市华润印刷有限公司

经　　销：各地新华书店

版　　次：2024年10月第1版

　　　　　　2024年10月第1次印刷

开　　本：710毫米×1020毫米　1/16

印　　张：14.5

字　　数：185千字

定　　价：58.00元

前　言
PREFACE

我们生活在一个"专注力缺乏"的时代，微信、微博、抖音、新闻推送……大量的声音不断地在我们耳边响起，无数条信息像烟花一样在我们眼前绽放。我们的大脑好像永远在高速运转中，却很难在同一件事情上保持哪怕5分钟的专注力。

全球知名咨询公司盖洛普曾经针对国内企业的大量员工进行过调查，调查结果显示，只有6%的员工能够在工作中进入"高度专注"状态。而在国外，也有专业人士进行过类似的调研，他们发现众多企业员工在工作中平均约3分钟就会被打断一次，想要重新进入"状态"，则需要约25分钟……

无法保持专注，不仅会影响任务的正常推进，还会造成精力的过度耗散，更糟糕的是，专注力缺失还有可能损害正常的认知能力。这一点并非危言耸听，英国伦敦大学的研究人员发现，当一个人的大脑在多个性质不同的任务之间频繁切换时，智商会暂时性下降10分，而这也是造成工作或学习出错的重要原因。

因此，我们必须重新审视"专注力缺失"问题——在当今这个快速变化、信息爆炸的时代，是否具有足够的专注力，将成为拉开人与人差距的关键。

正如麻省理工学院学者卡尔·纽波特所说的那样："专注力是高效的源泉，是创造力的激活器。"如果我们想要变得更加优秀，想要突破现有的瓶颈，想要达到更高的层次，就应当学会在复杂多变的环境中保持并提升自己的专注力。

然而，对于没有经过专业指导和训练的人来说，想要快速提升专注力并不容易。本书正是为了解决这一难题而诞生的。本书从8个方面出发，深入剖析了实现高度专注的"秘密法则"，相信会给读者带来很多新的启发。

本书首先强调了"锻炼大脑"的重要性——通过科学的训练和刺激，大脑可以变得更加灵活、敏捷，从而更容易进入专注状态。然后重点介绍了"对抗干扰"的策略。在信息泛滥的时代，干扰无处不在，而真正的专注力高手善于设置"屏障"，隔离外界的打扰，保持内心的平静和安宁。

"解放内心"是本书深入剖析的另一个重要法则。内心的杂念和负面情绪往往会分散我们的注意力，影响专注力。因此，我们需要通过一系列的内心疏导方法，让情绪回归平静，从而更容易进入专注状态。

此外，"瞄准目标"也是提升专注力的关键。我们只有明确自己的目标，才能够集中精力去追求它，不为外界的诱惑所动摇。因此，我们需要学会设定明确、具体的目标，并要把主要精力聚焦其上。

除了上述几点外，本书还将指导读者学会"高度专注"，让大脑和身体达到最佳的工作或学习状态；本书也介绍了一系列管理时间、提升效率的实用方法和技巧，让读者在提高专注力的同时，能够在更短的时间内完成更多的任务。通过实践这些方法，读者将成为真正的"高效能人士"，更好地应对工作和学习中的挑战。

值得一提的是，本书还提醒读者注意补充和恢复精力，这是因为专注力并不是一种无限的资源，不能肆意消耗却不加弥补。因此，我们需要学会合理地安排工作和休息时间，让大脑和身体得到充分的放松和恢复，这有助于保持持久的专注力。

在撰写本书的过程中，作者参考了大量心理学、神经科学等领域的最新研究成果，并结合自己多年的实践经验，形成了一套科学、实用的专注力提升方案。同时，作者在写作中注意体现生动性、趣味性，并加入了很多具有代表性的真实案例，不仅能够降低读者的理解难度，还能够让读者获得感同身受的阅读体验，形成更加深刻的思想认识。

衷心希望本书给读者带来实际的帮助，让读者能够不断提升专注力，实现更高效的工作和生活！

作者

2024年5月

目 录
CONTENTS

第八章　恢复精力，为你的专注力补充"能量"

第一章

锻炼大脑，激发你的专注力"潜能"

分心是在偷懒？其实大脑一直在消耗能量

相信大家上学时都有过这样的经历：明明知道老师讲的内容非常重要，可一不小心就分神了，等回过神来才发现半节课都过去了。父母也常常抱怨我们虽然人坐在书桌前，心却不知道飞去了哪里，指责我们学习不专注，边玩边写，胡思乱想，还天天喊累，"这明明就是在偷懒，根本没用脑子，有什么好累的？"

这里的分神、胡思乱想等就是人们常说的"分心"。"分心"，其实是一种与"注意"相反的心理特征，是指一个人的心理活动由于额外的刺激干扰而在必要的时间内不能指向和集中，或者完全离开甚至转移到无关事物上的心理状态。

分心真的是在偷懒吗？答案是否定的！其实，分心真的很累人！

英国《每日邮报》报道，英国剑桥大学研究表明，人类脑部消耗的能量十分惊人：脑部约占体重的2%，即使一天下来什么也不做，将依然消耗全身20%的能量。分心和专注，其实是大脑的两种状态。无论是在分心还是专注状态下，大脑都会消耗大量的能量！

美国普林斯顿大学和加州大学伯克利分校的科学家们发表在《神经元》杂志上的研究结果提出，人的专注力是爆发式的，而非连续的。在注意力爆发的间隙，人其实处于分心状态。在分心期间，大脑会暂停手头工作以检查周围环境，看看在注意力的主焦点之外，有没有什么东西更加重要，如果没有，大脑会重新聚焦于人们正在做的事情上。

例如，在童年的课堂上，大家在聚精会神地听老师讲课，聚精会神地听就是专注。此时如果窗外传来脚步声，自然会有学生顺着声音往外看，这就是分心，是一种很正常的心理现象。有些学生瞟了一眼之后觉得和自己无关，听课更重要，于是立刻又专注到课堂上了，而有的学生也许就会顺着这个声音开始各种联想，甚至心早已飞出了窗外。

从事上述研究的心理学教授萨宾·卡斯特纳曾说："正常的大脑会在专注和分心这两个状态之间交替，但额叶皮层功能发育较为落后的大脑则不能很好地在两种注意力状态之间保持平衡，往往会陷入其中一种状态无法自拔。"可见，无论是太专注还是总分心都是不好的。

分心分为两种情况。

一种叫作感觉分心，比如在正常的工作、学习状态下，外界出现了一些额外的刺激，如一个电话、别人的闲聊、突然想去倒杯咖啡……大脑还会回忆过去，展望未来，将头脑中的记忆碎片加以归纳整理，对现在所处的环境进行分析，会思前想后，考虑很多问题，比如"晚饭吃些什么？办公室里哪个女生更漂亮？怎么约到她？晚上的球赛结果如何……"在这种状态下，大脑并没有停止运转，而是依然努力工作着。

另一种叫作情绪分心，这与周围环境无关，有人在分心时往往会习惯性地胡思乱想，心中杂念太多，比如"刚才说的那句话会不会得罪什么人？我怎么总是做这种得罪人的事？我太糟糕了……"这会让他陷入糟糕的情绪状态中不能自拔，反而给自身带来更大压力。即使此时想要极力控制自己不去胡思乱想，但由于"精神交互作用"（这个概念是日本心理学家森田正马创立的"森田疗法"的一个核心概念，它解释了症状形成和持续存在的原因。就是当你关注一个身心现象的时候，这个现象会过敏，这个过敏的感受会吸引你用更多的心思去关注它，最后形成恶性循环），越不想去想它却越会想到它，陷入无尽的烦恼和疲乏中，反而更容易分心。

劳累之余，有些人常常会误把看电视、打游戏当作放松，这些方式看似让大家立刻放松了下来，但看完电视或打完游戏再去学习、工作反而让人们感到更不容易集中注意力，更容易分神，更难进入状态。

分心时间过长说明人的两种状态切换能力较弱，大脑依然要被动注意，依然会消耗能量。分心过后，有些人往往因为没能专注于完成任务而自责，这也导致大脑继续因为自责情绪而消耗能量。

人也不可能一直保持高度专注的状态。英国肯特大学有篇文章对注意力做出了详尽的分析，认为工作间隙休息一会儿对恢复脑力很有帮助。平时在学习或工作的时候，不要持续长时间做一件事情，可以每隔20～30分钟短暂地休息一下，刻意让自己"转换一下脑筋"。比如，做点其他简单的事情，再回到刚才的工作或学习中，就可以让专注力又恢复到高位。遇到高强度专注工作时，不妨每15分钟就休息一两分钟。当然，因人而异，有些人可能专注的时间更长，需要休息的时间也可能更长或更短。让大脑有正常的休息时间，自然就不易分心了。

所以，在强调做事要专注的同时，请别再认为分心是大脑在偷懒啦！

排除杂念，消除紧张，调整好大脑状态

脑科学研究表明：人们的大脑本身处于自在的运动状态。一个大脑正常的人，感觉器官接收信息后就会自动地进行思考，而且念头会一个接一个地到来。

比如，当你看到一朵花时，很自然就会产生一些与这朵花有关的想法：这是一朵什么花？这朵花的形状、颜色、气味是什么？我以前是否见过它？我在哪里见过它？这朵花对我有什么特殊的意义……同时，大脑也会自动处理那些以前接收过的信息，会产生各种联想，甚至和这朵花不相干的事情也会相继浮现出来，也许想到了曾经在某个场景中见过类似的花，也许想起了某个人。于是，由这个人再继续联想，想到学习、生活、工作，等等。各种各样的念头都会浮现出来，有积极的，也有消极的。人人都会有杂念，只是多与少的问题，也只是你是否关注的问题。

有研究表明，每个人的头脑中每天平均有大约6万个念头闪过，当然，其中也包含一些并不是很受欢迎的念头。有些念头也许和你正在关注的事情无关，甚至影响到了你目前的状况，这些念头就是"杂念"。

有些人一旦有了杂念就感觉非常紧张，觉得自己怎么会有这样的念头，这个念头是不好的，很想赶走它，比如我不能焦虑，我不能紧张，我不可以这么消极，等等，但事实往往事与愿违，越想越多，越陷越深，不能自拔，甚至更加紧张，更加焦虑。

其实，人有杂念并不都是坏事，最起码说明你思维比较活跃。正是有了这些杂念，你才会有更多的行为动力。只有当那些杂念比较负面，并且影响到人的情绪时，才需要去除。因此，当你做一件事情的同时产生杂念时，不必太着急，只需要积极主动地消除那些杂念即可。

为什么会有杂念？也许是人们在做一些事情的时候顾虑太多，也许是大家对所做之事不太确定，对自己缺乏信心，否认自己的能力，对事情未来的发展不太看好，也许这件事情并不是内心所愿、所好之事，也许是心理承受能力较弱，缺乏迎难而上的勇气，等等。

要排除杂念，不妨采取以下几种做法。

学会接纳

大家要能够有这样的意识：有杂念是很正常的事，这些杂念往往不请自来。所有的念头，无论是好的还是坏的，只要不抓住某一个念头不放，不去和这些念头对抗，接纳它，它就会自然地来，也会自然地离开。

关注呼吸

把注意力放在呼吸上，用鼻子深深地吸气，感受空气被吸进身体里，腹部因此而微微地隆起。屏住气，在心中默念1、2、3、4……然后用嘴巴慢慢地吐气，感受身体里的空气被完全排出，重复几次。这种呼吸方式称为"腹式呼吸"，也是冥想的开端，十分有效，能够让人将全部注意力集中在感受身体上，激活迷走神经，改善大脑与身体的连接，让人很快恢复专注力。

写下念头

当你遇到一些事情，又开始有各种想法时，不妨把这些想法一一记录下来，因为如果大家只是在大脑中思考，往往会一遍一遍地反复，甚至出现更多的负面念头。而将其书写下来，就相当于完成了一项任务，人们普遍对已完成的任务不会关注太多，因此就可以将这些念头清除出大脑，如果再加以理智地剖析，就更容易有清晰的思路，从而消除一些杂念。在你把这些杂念梳理出来之后，反而会觉得它们并没有那么"杂"。

倾诉与运动

当你自己一个人没有办法处理这些杂念的时候，找专业的心理咨询师或者某位良师益友聊一聊也是个很好的选择。聊的过程也是一种梳理，慢慢地你的思路就会越来越清晰，不再觉得"杂乱无章"了。当然，适当的运动也是抛却杂念的好办法，运动能分泌多巴胺，而多巴胺这种神经传导物质能让人舒心快乐，思维开阔。

顺其自然、为所当为

森田疗法的创始人——日本心理学家森田正马教授提出的"顺其自然、为所当为、不安常在、无所住心"告诉人们，应该把注意力转移到此时此刻正在做的、应该做的事情上。比如，吃饭就一口一口慢慢咀嚼，看书就一页一页慢慢品味，不去和冒出来的一些杂念对抗，因为你越抵抗就会越关注，从而越难以消灭它们。一定要先行动起来，不要总想着等心里没有杂念之后再行动，既然不安难以避免，不妨顺其自然吧！

避免多任务处理，减轻大脑负担

一心可以多用吗？

随着科技的进步和时代的发展，人们已经来到一个需要同时处理多项任务的时代。职场上某些人往往存在这样的做法：边做PPT（演示文稿），边处理数据，边接听客户打来的电话；在听领导开会的同时，手头还要回复微信消息，同时不忘再发个邮件。他们觉得，自己能在同一时间内完成多件事情，能够一心二用，甚至一心多用。

这里的"一心二用、一心多用"就是"多任务处理"，也叫"多线程处理"，这个概念产生于20世纪60年代，用来描述计算机的性能，指的是设备能同时运行多个应用程序。用在人身上，就是指一个人在一个时间段内同时处理多项任务。许多人热衷于这种工作方法，认为这样能使自己的脑力、体力全面运转，能够提高工作效率。

有人认为，电脑能在多任务之间灵活切换，人的大脑那么灵活，一定也可以这样做。但科学研究表明，人的大脑虽然结构精密、运行高效，但不能同时高效地处理多项任务，即使是智商很高的人也不能。同时处理多个需要专注力的信息，是无效的"多任务"。当然，如果这些多任务的信息不需要专注力来处理确实可能同时进行，例如吃饭的同时回复微信消息是完全可能的，再如边听音乐边做家务，边看电视边织毛衣，听讲座时顺手涂鸦或记笔记等，同时处理这些多任务都不成问题，因为它们对认知资源的需求不同，而且同时进行的两种活动中的一种比较熟练。但也有人认为这不太科学，因为如果关掉电视织毛衣的话可能会织得更快更好。但是如果多项任务之间毫无关系且进行每一项任务都需要专注力时，这样的"多任务"就不可以同时处理了。

澳大利亚昆士兰大学研究人员指出，尽管大脑具有不可否认的灵活性，而且我们每个人都拥有上百亿个神经元，但对于思维器官来说，同时做一件以上的事是很难的，尝试去这样做的人常会犯错，会在工作和生活中引发各种问题。

当人们尝试多任务处理时，通常会把注意力从一项任务转移到另一项任务上，然后再转回来。当注意力超载时，人就会错过一些事情，不可能关注到很多细节的东西，结果反而不如一次只完成一项任务。比如，你可以在接打电话的同时驾驶汽车吗？当然不能，会出车祸的！因为你驾驶汽车时需要眼睛看着前方，观察周围是否有危险，如果这时候接打电话，注意力势必转移到电话内容上，甚至可能随着电话内容展开想象，从而忽略眼前的事物，此时极易发生事故。"这时，某项任务是要让步的，"美国安娜堡市密歇根大学的脑认知和行为实验室主任David E. Meyer博士说，"要么是你不专心打电话，要么是你不专心驾驶。"

研究过程中，Meyer和他的同事们发现，与一般人所认为的不同，多任务作业其实降低了工作效率。这是因为，在多任务作业中，要完成其中的一项任务需要更多的时间，特别是那些复杂的任务，而专注于单一的任务作业则需要较少的时间。

大脑在真正意义上无法同时承担两项或更多项任务，即无法进行多任务处理。这是为什么呢？因为人的大脑毕竟不同于电脑，电脑可以进行多任务切换，而人类的注意力是非常有限的资源。如果大脑在各项难度不同的任务间切换，每次都相当于从头开始，这将更多地消耗认知能力，并更快地消耗葡萄糖（大脑的燃料）。

"多任务"的缺点在于无法集中注意力。当同时处理多项事务时，注意的范围会扩大，大脑会变得越来越疲惫和混乱，从而使专注力下降，效率降低，增加大脑的负担。结果是，多任务阻碍了深度思考和创造性思维，导致思维越来越缺乏新意，思考越来越肤浅，从而使人们的智商下降。2005年，伦敦大学精神病学研究所的一项研究发现，"职员们因被邮件和电话分散注意力导致的智商下降幅度是很可怕的"。

多任务处理还会增加做事的成本。有大量证据表明，无论你在做什么事情，多任务作业都会减慢你的工作进程。例如，在办公室，你手头正在进行的工作可能会被一个同事打断，他想和你聊聊昨天看的那场球赛。加州大学欧文分校的计算机科学家格洛丽亚·马克估计，在工作时，一旦被打扰，平均需要25分钟才能重新开始工作，有些人在被打扰后甚至再也无法回到工作上。

因此，给大家几个小建议。

1.一次只做一件事，即使有穿插，也要专注。

2.当进行一些需要深度思考的事情时，最好不要做其他任何事情。试着将工作时间划分为15～30分钟的时间段，每个时间段专注于不同的任务。在这些专注的时间段内，不去查看手机、电子邮件或切换任务。这样每天即使处理很多不同的事情，也能保证做好每一件事。

3.同时面对多项任务，先决定优先级并列出清单，逐一解决。专注于手头的任务，一项一项处理好，这样才能提高效率。

大脑疲倦的真相之一——选择太多

玩具店里有太多好玩的玩具，究竟该挑哪一个呢？

衣柜里的衣服很多，选什么颜色？哪个款式？怎么搭配？真不知道该怎么挑！

到了饭点，西餐、中餐、日式料理？那么多选择，究竟吃点什么呢？

和什么样的人做朋友？读哪所小学？上什么初中？考哪所高中？读什么大学？学什么专业？从事什么样的工作？和什么样的人恋爱、结婚……

从小到大，从早到晚，每时每刻，无论是学业、事业、家庭、婚姻还是爱情，人们每天都会面临无数选择。这些繁多的选择往往使人矛盾、彷徨、无所适从，甚至感到痛苦和疲倦。

心理学上有个经典的"果酱实验"，大致过程是在某个超市做果酱试吃实验。第1个试吃摊位有6种口味可供选择，第2个摊位有24种。第2个摊位吸引了很多顾客，但最终只有3%的顾客购买了果酱。第1个摊位虽然没有那么多顾客，但最终有30%的顾客购买了果酱。前者最初吸引的顾客远少于后者，但最后成交的购买量却远多于后者。这个实验真实地揭示了大众心理的困境：面对过多选择时，反而无从选择。这种无从选择，有人称之为"选择困难症"。

有人说，真正让人为难的不是没有选择，而是选择太多！当选择过多时，人们开始害怕，甚至逃避选择，很难理智地做出让自己满意的决定。

尤其是当同时面对几个势均力敌的选项时，人们可能会更加犹豫，觉得每个选项都不错，但每个选项又都不尽如人意。即便最终因某些特殊原因被迫做出了选择，也充满了不自信。一旦选择的结果未达到预期，还会产生后悔、自责等心理，甚至更加害怕选择。

面临过多选择是一项耗费脑力的任务，此时大脑会燃烧更多葡萄糖，这不仅会降低血液中的葡萄糖含量，还会导致大脑中能量来源减少，进而出现疲劳，使人的决策能力下降。这是有科学依据的：加州理工学院的一项研究发现，我们的大脑有时会遇到"选择过载效应"。在面对太多选择时，决策需要处理信息和进行对比，这些努力可能会降低我们额外进行调查的动力。如果存在"不选择"这个选项，人们可能会倾向于不选择。拥有更多选择也会改变人们在衡量选项时的参考点。实验证明，拥有更多选项的参与者比拥有较少选项的参与者更不满意自己的选择。在面临太多选择时，人们的注意力很容易被分散，失去判断与决策能力，从而无法明确自己到底想要什么。

选择越多，干扰越多，大脑越容易疲劳。当一个人只有一条路可以走时，他不会有任何痛苦的想法。但当他有各种各样的道路可以选择时，他就会纠结于如何在众多选择中进行最合理的安排，从而产生痛苦的情绪。这些痛苦的情绪，如焦虑、抑郁等，会影响人们对事物本质的认识，使大脑思维活动减慢，考虑问题费劲，感到更加疲倦。

美国心理学家鲍迈斯特提出的"自我损耗"理论为选择过多的危害提供了有力依据。鲍迈斯特提出，所谓的自我损耗，即尽管你什么也没做，但每做一次选择，就会纠结、焦虑、分散精力，进而损耗一定的心理能力，导致你的执行能力和意志力下降。

因此，笔者给大家的建议是：跟着感觉走！有时候掌握的信息越多，反而更依赖直觉，太多的信息会成为负担。在这种情况下，不妨用无意识的大脑来做决定，不给自己选择的机会。在面对多项非重要决定时，掷骰子或抓阄也不失为一个简便的方法，至少省得动脑筋，不会累人。有的人总是穿着最简单的黑色长袖和牛仔裤出现在大众面前，根本不需要为选择穿什么衣服而费脑筋。

　　当然，如果想动脑筋，可以采用推演利弊的方法，将大脑中所有选项罗列出来，并转移到纸面上。研究表明，能这样做的人通常压力更小。把选项列出来的好处有：一是可以更直观、清晰地看出自己有哪些选项，避免自己想当然地认为选项之间差距很大，但实际上并没有明显差异的情况出现；二是可以逐个进行想象，预估自己做出决定后可能出现的结果。还可以给自己设定最后期限，这个期限是做出选择的最后期限，一旦到了时间，就必须停止。要明白自己最喜欢什么，最想要的是什么。要充分了解该事物的优缺点，权衡利弊。一旦确定了自己的选择，就要接受其优点的同时，也接受其相应的缺点，承受自己选择所带来的一切结果。

　　人生其实就是一个不断选择的过程。选择了这条路，也许就错过了那条路，不一定总能选到最正确的，但成长的过程最重要。因此，请不要纠结，无论做出什么选择，都请大胆地向前迈步！

了解"鸡尾酒会效应"：注意来自选择

出席过宴会的朋友可能会有这样的体验：大家正觥筹交错，各自在谈论一些事情，周围人声嘈杂。但即使噪声再大，如果你正专注地和某个人交谈，即便对方声音很小，你也能听得很清楚，而周围的人说了些什么你却并没有在意。如果此时有个熟悉的声音从远处传来，喊你的名字，你可能会立刻警觉起来，循着声音望过去。这是怎么回事呢？似乎人们的耳朵有过滤功能一样。

是的，耳朵的这种过滤功能在心理学上叫作"鸡尾酒会效应"，也叫"选择性关注效应"。它是英国一位学者在1953年提出来的。

鸡尾酒会效应可能在两种情况下出现：当人们的注意力集中在某个声音上时，或者人们的听觉器官突然受到某个刺激时。它揭示了人的听觉系统中一种神奇的能力，即人们具有选择性倾听的能力，会对与自己相关的信息格外敏感，即使在噪声环境下依旧能够自如交流。

这是因为当人的听觉注意集中于某一事物，如与某人交谈时，意识会将一些无关的声音刺激排除在外作为背景，而无意识始终在监控外部的刺激。一旦有与他有关的特殊刺激，例如有人提到他的名字或他熟悉或感兴趣的某个话题，就会立即引起他的注意。这实际上是注意分配的问题。

人们随时都在接收信息，但大脑不会平等地处理所有信息。在大脑的注意过程中，存在一种主动的选择，这种选择会过滤掉环境中无用的信息，将注意力集中在更重要、更有价值、自己更关注的事情上。这也解释了为什么人们每天从外界接触到那么多信息，而真正注意到的永远只是其中一小部分，也就是那部分经过有意选择、与自己相关且感兴趣的信息。即使是同样的信息，因为每个人关注的点不同，注意的结果也会不同。比如，一对夫妇上街时同时看到一位美女，丈夫可能注意到的是这位女子曼妙的身姿和容貌，而妻子可能更关注她的衣着打扮。

正因为有了注意的选择性，人们才能从海量的信息中选择出自己想要的信息。比如，某人有了孩子之后，就会关注与孩子相关的话题。某人决定减肥之后，才发现身边不少人早就开始了瘦身行动。这些以前没有关注过的信息现在都被有选择地注意到了。

那么，如何借用鸡尾酒会效应，将有限的注意力放在最值得关注的事情上，使自己具备超强的专注能力呢？

鸡尾酒会效应告诉我们，既然人们可以自由选择注意的内容，并且有能力过滤掉自己认为不重要的信息，把注意力放在更值得关注的事情上，那么平时就可以多给自己一些积极的心理暗示，树立专注于某件事情的强大信念，相信自己可以做好。比如，在做某件事情之前，对自己说："我此时此刻正在专注地做这件事情，一定可以做好！"

在众多嘈杂的声音中，人之所以能听到自己想要得到的信息，主要原因就是"我想"。这说明当人们对某件事情有强烈的兴趣和信念时，自然会产生强大的专注能力。俗话说，兴趣是最好的老师。找到了自己的兴趣点，即使这件事很难，只要想做，也一定会想尽一切办法去完成。年轻的小李就是一个例子。上大学时，父母硬要他学习金融专业，但那并不是他感兴趣的领域。从小到大，他更喜欢读书和写文章。进入大学后，由于对金融提不起兴趣，大一时成绩很糟糕，最终他毅然选择转专业，转到了自己心仪的中文专业。因为是自己感兴趣的领域，不用别人催促，他的各科成绩都很拔尖，毕业后也顺利找到了报社编辑的工作，做得风生水起。

想要专注于一件事情，除了在思想意识上保持敏感性之外，方法也要得当。可以尝试将一件事划分为几个小步骤，先把注意力放在少量的事情上，一点一点地慢慢来。每一步都做好了，整个事情自然也就完成了。把自己平时可以挤出的时间都找出来、列出来，充分地利用这些时间，专注地做好每一件事。

粗心大意？其实还是专注力不够

员工小王做事总是丢三落四，往往事情做了一半就无法继续，总是虎头蛇尾。当领导批评他时，他会说："我粗心了！我大意了！"似乎这样一说，这些都只是很小的问题，无伤大雅。真的无伤大雅吗？粗心大意指的是做事情时轻率而粗略，欠缺思虑，不够严谨。它的危害可不容小觑！

1967年4月24日，宇航员弗拉基米尔·科马洛夫独自驾驶"联盟一号"宇宙飞船，完成任务后胜利返航时，全国的电视观众都在收看实况。由于地面人员在检查降落伞数据时忽略了一个小数点，导致了事故的发生：当飞船返回大气层后，需要打开降落伞以减慢飞船速度时，科马洛夫突然发现降落伞怎么也打不开。地面指挥中心采取了所有可能的救援措施来排除故障，但仍然无济于事。

1986年4月26日，发生了世界上迄今为止最严重的一次核事故——切尔诺贝利核电站事故。这起事故是操作人员的粗心大意和违反规程造成的。此外，安全干事与负责该实验的操作员之间缺乏有效的沟通（这也可以归为工作疏忽），也是导致这场重大灾难的重要原因。

类似的惨痛教训还有很多，我们还能认为粗心大意是小问题吗？从心理学的观点来看，粗心大意是指对于自己理解和会做的事情，由于认识不深、掌握的熟练程度不够，加之做事不仔细而造成了差错。除了前面提到的原因之外，造成粗心的原因还有以下几点：（1）可能与某些人的性格缺陷有关：有些人从小做事风风火火，不论是说话还是做事都只追求速度，不求质量，导致容易粗心，做事不严谨。（2）没有养成良好的行为习惯。（3）信心不足，害怕失败，心理紧张，从而导致粗心。（4）最主要的还是专注力不够。

当注意力不够集中或集中的时间不够长时，大脑在筛选和分析视觉信息时就会受到不良干扰，从而导致信息出现差错、遗漏或遗忘，进而表现为粗心大意。那么，如何克服粗心大意，使自己更加专注呢？可以尝试以下方法。

调整个性，树立自信，养成良好行为习惯

每个人都要深入了解自己的个性。当感觉自己的性格有缺陷，影响事情的解决时，就要学会调整和改变。平时每次在说话、做事之前，可以做几次深呼吸，给自己"要细心"的心理暗示，相信自己"做事时一定会很细心"，这样可以让自己的内心迅速进入平静状态，心一旦静下来，语速自然就慢了，说话不清、思路不清晰或者说错话等现象就会减少，做错事的概率也会慢慢降低。此外，还可以做一些需要精细操作的手工，如缝纫或绣十字绣等，体会"慢工出细活"。下棋是培养细心的好办法，因为下棋时需要集中精力思考每一步怎么走，避免一步错、步步错。平时出门时可以回头看一眼门锁是否锁好，做完饭后看一眼火是否关好，做完题目后回头检查几遍……慢慢培养细心的好习惯，逐渐让专注的行为成为习惯。

思想上高度重视，事后认真检查核对

或许大家都有这样的经验：明明很简单的工作，按道理根本不应该出错，但有些粗心的人却出错了。而一些感觉比较难，事实上也确实很难的工作，按理说更可能出错，这些平时粗心的人反而完成得很好。这是什么原因呢？

原因在于大家对事情的重视程度不同。重视程度往往与事情的难易程度相关联。人们通常会对相对困难的问题更加重视，在大脑皮层上形成的兴奋灶较强烈，因此不易受其他兴奋灶的干扰，不易出错；而对于相对简单的问题，人们在心理上往往不太重视，在大脑皮层上形成的兴奋灶也较为微弱，因此容易受到其他兴奋灶的干扰，从而出现错误。因此，一定要加强对工作和学习重要性的认识，高度重视，提高责任心。同时，还要养成事后认真检查核对的好习惯，以便查漏补缺。记住：越是习惯性的行为，越要专注。此外，对曾犯过的错误一定要及时做好记录，并时常查看，防止在同一个地方摔倒多次。

保持适度紧张，但不要思虑过多

心理学研究表明，适度的焦虑有利于提高效率。当遇事过于焦虑时，人的思想压力会增大，身体上也会出现如心悸、呼吸加快、肌肉紧张、出汗等不良反应，此时注意力会下降，问题解决能力也会下降，甚至出现精神崩溃等结果，当然就谈不上效率提高了。而遇事时如果一点焦虑情绪也没有，人的注意力也不容易集中，解决问题的效率仍然低下。比如，学生在高考时，如果过于紧张焦虑，往往会发挥失常；如果一点也不紧张焦虑，太过放松的话，也未必能发挥出最佳水平。只有在适度紧张焦虑的状态下，考生才会知道自己该做些什么，由这种适度的紧张推动着自己更加细心时，反而能发挥出最佳状况。因此，平时一定要学会保持适度紧张焦虑，无论对待工作还是学习，都不要马虎随便，也不要掉以轻心，这样才能够自觉地克服粗心大意的毛病。

尝试能使人快速提高专注力、防止粗心的"统视——尽收眼底"游戏

你可以尝试睁大眼睛，但不要过分，以至于让自己感觉不适。将注

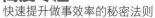

意力完全集中，注视正前方，观察视野中的所有物体，注意眼珠不能有丝毫转动。坚持10秒钟后，闭上眼睛，回想所看到的东西，凭借记忆，将能想起来的物品名称写下来，不要凭借已有的信息和猜测做记录。重复10天，每天变换观察的位置和视野。相信经过10天的努力，你一定会有很大进步！

收束漫游的思维，把自己从"走神"状态拉回来

职员小吴经常发出这样的感慨：刚才还在想着要做某件事情，谁知道一转眼的工夫，居然忘记要做什么了。很多人可能都有过类似的体验。那一转眼的工夫，小吴在做什么呢？为什么会忘记事情呢？

当一个人什么也不做，不考虑任何问题的时候，他的大脑闲下来了吗？并没有！美国研究人员在《自然》杂志撰文提出："当无须专注于某项任务时，人的大脑思维常会四处漫游，随意从一个想法流动到另一个想法。"这就是"思维漫游"，也就是我们常说的"走神"。不管你愿不愿意承认，我们的大脑确实无法一直专心致志。

那一转眼的工夫里，小吴的大脑可能正处于漫游状态，也许在想着今天中午吃什么菜；孩子昨天不太舒服，该怎么安抚他；领导昨天说了什么重要的事情；等等。有科学家提出，人类大脑至少30%的时间处于走神状态，有些人情况甚至更严重。哈佛大学的心理学家在2010年发表的一篇论文中提出，人们一天中几乎一半（46.9%）的时间都在走神，在做一件事的时候想着别的事。此时此刻，笔者的手在敲击着键盘，大脑里却盘旋着许多与写书无关的事。

在繁重的工作压力之下，睡眠不足、精神过度焦虑、患有抑郁症或脑血管疾病等情况下，人们更容易出现走神现象。

如果是刻意的走神，则无伤大雅，甚至还有正面的促进作用。从进化

的角度来看，如果走神毫无益处，人们也不会花那么长时间在走神上。一方面，走神时出现的阿尔法波能让精神得以放松和休息；另一方面，当专注于问题不起作用时，走神可以将大脑拉向未解决的问题或未来的目标，使各种想法自由交流，从而促进创造力的产生，帮助人们解决问题。

美国加州大学圣巴巴拉分校的贝尔德等人进行了有关心智游移与创造力的研究。在研究中，被试人员被分成了3个小组，并且都要完成两次创造力测试。两次测试之间间隔12分钟，在这段时间里3个小组执行不同任务以引发不同程度的走神。结果发现，在间隔时间之后，相较于第1次创造力测试，第2次测试中创造力增长最高的被试人员来自走神程度最高的小组。也就是说，大量产生的走神状况可能是提高创造力的原因。从神经心理学的角度来看，这大概也解释了为什么很多诗人、作家、科学家、艺术家等创作者有时在"走神"状态下，大脑会产生更多的"灵感"。

虽说"走神"有这么多好处，但在人们需要专注做一件事情的时候，总是容易"走神"，这就不合适了。这实际上属于注意力的分散，会给人们的正常生活、工作和学习带来不少负面影响。它会大大降低人们的工作和学习效率，甚至导致考试失败、不小心开车追尾、烤煳松饼、被老师或领导批评，从而引发自责、内疚、焦虑等负面情绪，给人们的生活带来诸多不便。至少家长和老师不愿意看到爱走神的学生，单位领导也不愿意看到因为走神而影响工作的员工。当然，如果因为走神而导致意外发生，那就更糟糕了。

在不该走神的时候走神的原因可分为生理性的和病理性的。生理性原因最常见于压力过大、精神高度紧张以及睡眠不足等情况。精神压力大、高度紧张可能会导致注意力无法集中，出现走神的现象。而睡眠不足、过于劳累，大脑得不到充分休息，也可能会出现注意力涣散的情况，导致走神。病理性的走神常见于癫痫发作中的失神发作或阿尔茨海默病等。失神发作会出现突然愣神、手中活动停止等现象，一般会持续数秒。如果出现这种情况，可能需要专业医生的诊断和治疗。

那么，对于走神这种注意力不集中的表现，如何收束漫游的思维，把自己从"走神"状态拉回来呢？不妨试试以下做法。

培养专注力

培养专注力的最佳方法是学习或工作一段时间后，放松几分钟。做到该专注时专注，该休息时休息。也就是说，先完成自己应完成的任务，把分心留到休息放松的时间。

学会转移注意力

学习和工作过程中，如果你开始走神，不妨提醒自己：此时此刻，我正在做什么（如听课、写作业、看书等，可以把正在做的内容说出来，或者把正在读的内容念出来）。这些事情我待会儿再接着想。也许等你完成此刻应该做的事情之后，就会忘记之前的杂念了。

积极地自我暗示

做几次深呼吸，然后暗示自己："我现在非常专注，一定能做好这件事情。"提醒自己："偶尔走神，分散一下注意力也没关系，就当休息，相信我可以专注回来。"

创造稳定的环境

可以选择安静的环境进行学习和工作。确保学习和工作区域内没有与学习和工作无关的手机、电脑、零食、水果等干扰物。如果确实离不开电脑和手机，应将手机调至静音模式，必要时也可以佩戴防干扰耳机。

合理规划，科学配时

做事情要有明确的目标，有计划、有条理，合理规划任务，合理分配资源。为手头的事情安排优先等级并记录下来，完成一项画掉一项，尽量优先完成最重要的任务。

找到集中注意力的触动装置

不妨在学习或工作之前对自己说："我现在要集中注意力，专心学习（工作）了！"再如，发现自己又要走神时，不妨告诉自己："回到这里来。"

把握左右脑切换的艺术

左撇子更聪明吗？为什么多数男性的方向感天生比女性强？为什么有些人会"过目不忘"？要回答这些问题，就需要了解大脑的结构与功能。

人类的大脑由左右两个半球组成，尽管从表面上看是大致对称的，但在细微结构和功能上却并不完全相同。因此，两个半球会以完全不同的方式进行思考。而且人的左右半脑发育和发展也是不平衡的，这种不同与不平衡也揭示了人的很多特质和天赋的秘密。

一般来说，大脑对于肢体的支配是交叉进行的，右脑支配左手，左脑支配右手。统计显示，绝大多数人是左脑发达，所以右手比左手显得更灵活。然而，全球也有10%的人是左撇子（又称左利手，指更多地使用左手，右利手者则惯称为右撇子），他们的右脑更发达。

左大脑半球直接指挥身体右侧的一切运作机能，如右眼、右耳、右手、右脚等的活动。当然，这些右侧部分的运作也反过来促进左脑的发展。左脑还掌管和处理语言、文字、符号等方面的信息，具有计算、理解、分析判断、归纳演绎、逻辑推理以及视觉、听觉、触觉、味觉和嗅觉等功能，记录着人从出生以来的知识，管理近期和即时的信息，因此也被称为"知性脑"。由于更具抽象性、逻辑性和理性的特点，左脑也被称为人的"本生脑"。

右大脑半球直接指挥身体左侧的一切运作机能，如左眼、左耳、左手、左脚等的活动。同样，这些左侧部分的运作也反过来促进右脑的发展。右脑处理的是图像、声音、节奏、韵律等方面的信息，具有超高速大量记忆、超高速自动处理、想象、创新、直觉、灵感等功能，更具备形象性、直观性和感性特点，因此又被称为"艺术脑"。它也被称为人的"祖先脑"，储存着从古至今人类进化过程中的全部遗传信息。许多个人没有经历过的事情，第一次接触时却能很快上手，这正是由于右脑的作用。在日常工作和生活中，如果对某件困惑已久的事情突然有所感悟，豁然开朗，其实也是右脑潜能发挥作用的结果。

通常，大多数训练都是针对左脑的，例如很多人习惯于使用右手，擅长进行各种分析、数字处理和记忆等活动，这些导致人体的左脑半球满负荷运作。然而，随着市场竞争愈加激烈，电脑等高科技产品越来越普及，过度依赖左脑而不会使用右脑的人将面临与电脑"抢饭碗"的困境，生存空间也会越来越狭窄。因此，右脑开发、全脑开发，直至实现左右脑灵活切换，显得尤为重要。

科学研究发现，右脑对图像记忆的能力是左脑的100万倍。因此，善于灵活切换左右脑的人，会将要记忆的内容转换成图像进行记忆，同时再加上左脑的逻辑分析能力来加强记忆。左右脑协同、交替运作，将大大增强人的记忆能力，比单纯依靠左脑的死记硬背要快得多，记忆的量也要大得多。

同样，大多数人在思考问题时都是用语言来思考，而被称为天才的爱因斯坦却说过："我思考问题时，不是用语言进行思考，而是用活动的、跳跃的形象进行思考。"这也是左右脑灵活切换的典范。

大脑并不简单，即使是再微小、简单的一件事情，也需要左右脑协调来共同完成，只不过用力的方式不同而已。比如，在完成语言、逻辑思维等任务时，左右脑都会参与，但左脑更关注细节，右脑则更看重大局。其实，左右大脑半球是可以灵活切换的，根本不用你操心。大家在工作、学习、生活过程中不妨自由切换，让两个大脑半球都行动起来。

虽然我们前面提到，左脑控制右半边身体，右脑控制左半边身体，实际上无论左脑还是右脑都具有完全控制全身的功能。这意味着你不仅可以用右手画画，也可以选择用左手画画。然而，习惯的改变需要一段时间的训练。换句话说，无论是左撇子还是右撇子，都可以通过锻炼来加强左右脑的控制力。习惯使用哪部分大脑就会形成定式，因此为了让大脑更加灵活、更具专注力，不妨学习一些灵活切换的方法。

1.一个简单的方法是每天用筷子将10粒黄豆从一个碗夹到另一个碗。左撇子用右手，右撇子用左手。只要注意力高度集中并坚持下去，就能够帮助左右大脑自由切换。

2.每天花5分钟的时间，联想一下"筷子"（也可以是其他物品）的用途，充分发挥想象力，无论多么不符合常识也不要轻易否定那个想法。要知道，一个左右脑平衡的人能说出它的3000多种用途哦。

3.天天忙于上班的职场人，如果有时间，不妨亲自下厨，烹饪几道美味佳肴。这不仅能活动右手，锻炼左脑，而且因为烹饪要求色香味俱全，能够全面调动人的视觉、味觉、嗅觉和触觉，右脑也因此得到了锻炼。

像锻炼肌肉一样，训练大脑专注能力

办公室主任老刘刚刚过了40岁生日，最近总觉得脑子像是生锈了一样，常常感到满脑子的糨糊，做事丢三落四，无法专注。有些正当年富力强的人也常发出这样的感叹：脑子一年不如一年好使，专注力也在下降。有人甚至用这种说法加以佐证："人在大约27岁以后，大脑发育达到顶峰，之后就不会再生长，只会逐步退化。"

真是这样的吗？这种说法有科学依据吗？其实，随着年龄的增长，单纯的脑细胞数量确实在减少，但是大脑的功能，特别是右脑的功能，并没有发生任何变化。而且，大脑具有神经可塑性，人们自身的行为及周围的环境会改变和塑造大脑。随着年龄的增长，脑子并不是越来越不够用。相反，人们常说的"脑子越用越灵"却是有道理的，而且人的专注力并不会随着年龄的增长而下降。

现代认知科学也证明了这一点，神经科学研究为我们带来了好消息：专注力可以像肌肉一样通过训练得到提高。有位学者提出，注意力就像肌肉，锻炼得越多，它就会变得越强壮。他说："你可以学习如何集中注意力，并且在这方面的表现会越来越好。"他还清晰明确地给专注力下了定义："我对专注力的定义是，我的意识能长时间集中在某件事情上的能力。每当我注意力不集中时，我都会用意志力把我的意识拉回来。"

专注力和注意力不同，它不是天生的，而是需要后天培养和训练才能获得的。一个人的专注程度对他的学习、工作和生活都至关重要。长期专注做事的人，即使上了年纪，也会因为得到更多的锻炼而更有效率，更有成就。美国作家凯利·麦格尼格尔在《自控力》一书中也提到："如果你让它专注，它就会越来越专注。"她还提出："如果成年人坚持每天玩25分钟记忆力游戏，大脑中控制注意力和记忆力的区域就会连接得更紧密。"

那么如何像锻炼肌肉一样来训练大脑的专注能力呢？不妨试试以下这些方法。

尝试找回你的"意识发光球"

有学者认为，注意力不集中是因为我们的意识从一个地方跳到另一个地方。他说，这种意识就像一个移动的发光球，在我们大脑的不同部位之间移动。这个发光球可以通过训练重新聚焦在脑海里的某个地方。例如，与他人交流时，可以将它聚焦在对话上；阅读文章时，可以将它聚焦在书本上，仿佛其他事情都不存在一样。如果注意力分散了，也可以立刻将那个发光球找回来。每天这样反复训练自己"把注意力拉回来"的能力，先从10分钟开始，逐渐延长到15分钟、20分钟、30分钟，直至1个小时。每天最多1个小时的训练，就可以逐渐做到每当走神时迅速进入专注状态，从而让专注力成为你的第二天性。

通过体育运动提高专注能力

大家肯定有过这样的体验：学习累了，去打打篮球，或者出去跑一圈、散散步，出出汗，回来感觉神清气爽，一身轻松。这是为什么呢？科学家发现，适量的有氧运动（如骑车、游泳、快步走等）除了可以改善大脑的认知能力和情绪之外，还可以使人精力更加集中，对大脑专注力有明

显的提升作用。

这一点已经得到了实验证明。在针对荷兰一所学校的调查中显示，课间20分钟的体育锻炼可以延长学生的注意力。同时，美国一项为期一年的调查也显示，学生放学后进行锻炼，不仅身体更加健壮，他们的自控力也提高了。他们能够有效抵制分心的事情，同时处理多项工作而不至于忙乱。所以，如果单位离你家不太远的话，可以考虑步行或骑车上下班。如果有楼梯，也不妨多爬爬楼梯，少坐电梯。当然，如果你觉得每天进行体育锻炼太辛苦的话，还可以选择稍微轻松一点的方式，比如两手同时拍打两个球，甚至是遛狗、摆弄花草，这些活动都是有益的，同样可以提高专注力。

舒尔特方格训练法

训练专注力，目前世界范围内有一种比较实用、简单、科学、老少皆宜的训练方法就是"舒尔特方格训练法"。具体做法是在一张方形卡片上画25个方格，格子里任意填写阿拉伯数字1～25。训练时，可以用手指按照1～25的顺序依次指出其位置，并读出声来。每次可以计时，用时越短说明注意力水平越高。初学者可以先从9格开始练习，然后是16格、25格，自己还可以制作36格、49格、64格、81格的表进行训练。也可以从手机上下载"注意力训练"应用程序练习。因为在寻找目标数字时，注意力需要高度集中，所以通过长时间的训练，大脑的专注力就会越来越强。

尝试做些放松训练

当人过于紧张、焦虑，感觉压力巨大时，往往难以集中精力。而"放松"是一种很好的方法，可以让人迅速进入专注状态。具体做法如下：找一把舒适的椅子坐下，也可以躺在床上，然后向身体的各部位传递放松的信息。先从左脚开始，绷紧脚部肌肉，然后放松，随后依次放松脚踝、小腿、膝盖、大腿，直到躯干部。之后，再从右脚到躯干，然后从左右手放松到躯干。这时，再从躯干开始到颈部、头部、脸部全部放松。这种放松技术需要反复练习才能较好地掌握，而一旦掌握了这种技术，人在短短的几分钟内便能达到轻松、平静的状态，从而能够更快地专注到工作中。

第二章

对抗干扰，别让宝贵的专注力白白耗散

提升自制力，别被游戏带走太多专注力

"我特别喜欢玩游戏，有时是在手机上玩，有时是在电脑上玩。无论是大型游戏还是小型游戏，我都喜欢。周末一整天，除了吃饭和睡觉之外，我几乎不离开座位，一直在打游戏。最近，我发现自己的注意力很难集中，工作时也总是忍不住去摸手机。原本能很专注地完成任务，现在却总被游戏打扰，总想着先玩一会儿再说。我是不是自制力太差了？"这是一位网友的求助信息，相信不少朋友也有类似的困惑。

"我先打一局游戏，待会儿再工作！"结果这局结束后还想接着打下一局，欲罢不能，一两个小时就轻易溜走了。之后又感觉累，干脆直接休息了。

"我总是对自己说，再玩5分钟，5分钟之后就干活，但5分钟到了，又说再玩1分钟，玩着玩着就忘记自己该做什么了。"

以上这些现象，其实都是因为个人缺乏自制力，被游戏牵扯太多精力，带走太多专注力。

自制力是一个人控制自己思想、情感和行为举止的能力，其本质是能否做出正确的选择。简单地说，就是自我控制能力和自我约束能力。一个有自制力的人，能清楚地知道自己到底需要什么，自己的长期目标是什么，然后通过延迟短期的欲望，不惜一切代价去完成自己的长期目标。从古至今的哲学家，他们都在告诉和提醒人们：美好的人生是建立在自我控制的基础上的。自制力强的人，工作和学习效率才高，才能在人生道路上走得更远。

相信大家一定知道鲁迅先生刻"早"字的故事：鲁迅小时候读书迟到，被教书先生批评。从那以后，鲁迅就在书桌上刻了一个"早"字，意在提醒自己时刻记得早起上学，不要迟到。由此可见，鲁迅从小就有很强的自制力。春秋时期的越王勾践，在被吴王夫差打败之后，在屋内悬挂一苦胆，出入、坐卧都要尝尝。睡觉时不用床铺和被褥，直接睡在木柴上，提醒自己不忘受辱之苦、亡国之痛。经过多年的磨砺，最终在长期自制和隐忍中积蓄力量，一举复仇，为后人所称颂。

这两个故事的主人公有一个共同的特点，那就是自制力很强，不易受外界干扰。他们不会让外界的干扰影响自己对目标的关注。鲁迅的眼里只有努力学习，越王勾践的眼里只有报仇雪恨。正因为如此，他们才达到了旁人难以企及的境界。

20世纪60年代，美国斯坦福大学心理学教授沃尔特·米歇尔设计了一个关于"延迟满足"的实验。这个实验在一所幼儿园进行。

实验中，研究人员找来数十名儿童，让他们每个人单独待在一个只有一张桌子和一把椅子的小房间里，桌子上的托盘里有一些儿童爱吃的棉花糖。研究人员告诉他们可以马上吃掉棉花糖，或者等研究人员回来时再吃，那样的话可以再得到一份棉花糖作为奖励。结果，大多数孩子坚持不到3分钟就放弃了。大约1/3的孩子成功延迟了自己对棉花糖的欲望，他们等到研究人员回来兑现了奖励。

这项实验前前后后有653个孩子参加。研究人员在十几年后再考察当年那些孩子的表现时发现，那些能够为获得更多棉花糖而等待更久的孩子，比那些缺乏耐心的孩子更容易获得成功，他们的学习成绩相对较好，而且这些有耐心的孩子在后来的事业发展上也表现得较为出色。

在米歇尔看来，这个"棉花糖实验"对参加者的未来有很强的预测性。"如果有的孩子可以控制自己而得到更多的棉花糖，那么他就可以去学习而不是看电视，"米歇尔说，"将来他也会积攒更多的钱来养老。他得到的不仅仅是棉花糖。"这个实验也常常被许多渴望成功的自律者用来鞭策自己，因为他们知道，越自律的人越容易成功。

专注地工作、学习与玩游戏的关系，和这个实验是同一个道理。明明知道应该努力工作，也知道努力工作一定会取得好的收获，但玩游戏可以给人一种即时满足感。而且在游戏中的即时反馈和奖励机制（只要参与游戏，就能体验到那种经常有小奖、偶尔有大奖的乐趣）更让人欲罢不能。有些人甚至能从游戏中找到团队的归属感（这可能是他们在现实生活中找不到的）。这就使得这些人无法克制自己，沉迷于游戏之中不能自拔。玩游戏本身没有错，适当地玩游戏实际上能起到训练大脑的作用。但是无节制地一直玩，会使大脑习惯于快速、暴力的回应方式，让人无法集中精力，导致专注力下降。

那么，究竟如何克服想打游戏的念头，让自己更加克制，远离过度游戏所带来的专注力下降呢？不妨试试以下几种方法。

从小事做起，提高自己的自制力

在一些小事上持续自控可以提高整体的意志力。比如，坚持坐着的时候不跷二郎腿；用不常用的手拿筷子夹菜；每天坚持坐在书桌前写点东西，即使是一两行字；规定自己每天完成1小时的阅读，随便什么书都可以；每天坚持做俯卧撑（女生可以做仰卧起坐）……用这些看似简单的方式每天来锻炼你的自制能力。

学会等待，延迟满足

在诱惑面前，给自己留出10分钟的等待时间。在这10分钟内，要时刻想着自己真正想要的是什么，以此抵抗诱惑。直面自身的欲望，但不要付诸行动。当欲望来袭时，注意到它，但不要马上试图转移注意力或与之争论，记住你真正要做的是什么，与这段时光共存。可以告诉自己："我只要再专注工作15分钟，就可以看一眼游戏。"等15分钟时间到了，再对自己说："要不我接着再工作15分钟。"

放慢呼吸

快速提高自制力的有效方法是放慢呼吸。专注于缓慢而充分的呼吸，将呼吸频率降低到每分钟12次以下。这个方法可以有效地将身心从压力状态调整到自制状态。

找准目标，马上行动

不要忘记自己该做什么和不该做什么。如果你已经为自己确定了努力的目标，不妨学一学游戏中的奖励机制，也给自己一点小奖励，让自己的努力更有意义吧！

此外，疲劳也会影响人们的自制力。因此，要学会灵活分配工作时间，允许自己适当休息，劳逸结合，让大脑暂时远离工作，在休息后重新集中注意力。

最后，想要提高自制力，找个人来监督你也是一个不错的办法。

"心理性噪声"：比噪声本身更影响专注

不知道大家是否还记得年轻时上学的场景。有些人一到考试就莫名地烦躁，耳朵里能接收到各种声音：监考老师的脚步声、同学翻卷子的声音、笔尖落在试卷上的沙沙声，偶尔还有一两声咳嗽。这些声音对有些人来说很正常，比生活中的噪声要小多了，所以他们并不在意。甚至由于专注于答卷，他们没有感受到这些声音，即使听到了也会选择忽略，因为他们有更重要的事情——考试。然而，有些人却不然，觉得这些声音是噪声，严重影响了自己的考试，甚至因为这些声音无法去除而更加烦躁。

这里的声音真的是噪声吗？

噪声，《现代汉语词典》上的解释是"在一定环境中不应有而有的声音，泛指嘈杂、刺耳的声音"。如果从环境保护以及社会和心理意义的角度来说：凡是妨碍到人们正常休息、学习和工作，并使人产生不舒适感觉的声音，以及对人们想听的声音产生干扰的声音，都属于噪声。这种声音所造成的污染叫作噪声污染。噪声污染主要来源于交通运输、车辆鸣笛、工业噪声、建筑施工、社会噪声，如音乐厅、高音喇叭、早市的叫卖声、地铁里人们的接打手机声、咖啡馆里邻座的大声聊天等。流水声、敲打声、沙沙声等，也是噪声。美妙的音乐，如果你不想听，也会是噪声！

噪声能让人感到烦躁，甚至危害人体健康。因此，有人将噪声污染与大气污染、水污染并列为当今世界三大公害。

　　然而，个人对噪声的感受因感觉和习惯的不同而有所差异。有些声音对于某些人来说是音乐，而对另一些人则是噪声。因此，噪声有时可以理解为一种主观的感受。人们对噪声的敏感程度和适应能力也存在明显的差异，有些人天生对噪声敏感。这样大家就不难理解考场上人们对声音的不同反应了。真正影响人们专注力的还是"心理性噪声"，这种噪声会在心理上引起人的烦恼，使人烦躁不安、注意力难以集中、心情变坏；还会影响人们的休息，造成睡眠障碍；甚至干扰语言交流、影响工作效率等。曾有一位心理学家给被试者呈现55、60、65、70分贝的噪声，并让被试者进行涉及短时记忆的数学运算任务。结果显示，被试者感知的噪声烦人程度与其任务表现有显著的相关性。也就是说，被试者越认为噪声干扰工作，越是注意噪声，就越感到不安，噪声的分心作用也就越强。这种噪声也被称为"心理性噪声"。

　　噪声之所以会干扰某人，是因为他注意到了这个声音，并主观认为这个声音会干扰他。因此，心理性噪声的干扰虽然来自声源，但其分心效果却是通过人的心理因素起作用的。心理因素的影响可能比噪声本身更大，可能与这个人更易焦虑、情绪不稳定、更易受心理暗示等相关。一个人越是注意噪声，就越会感到不安，其分心作用也就越强，就像有人听到别人说痒，自己也会感到痒一样。其实，对于集中精神做事的人来说，心理性噪声起不了什么作用。

　　研究表明，与强噪声有关的生理唤起会干扰工作，但人们也能很快适应那些不会导致身体损害的噪声。一旦适应，噪声就不会再干扰工作。

　　毛泽东在闹市里读书的故事想必大家早已耳熟能详：为了练就在嘈杂环境中静心读书的本事，青年毛泽东曾专门跑到熙熙攘攘的闹市去读书。而且毛泽东读书从不选择场地，也不讲条件，即使在战争时期，在最紧张、最危险的环境中，不论多忙，只要一拿起书，就能立刻进入专注

状态。

所以，要克服心理性噪声对学习、工作和生活的干扰，必须明白不要去理会这些噪声，并对自己进行积极的心理暗示，告诉自己："这些噪声是可控的，我只要想听到就能听到，不想听到就可以听不到。这些噪声对我的工作和学习不会产生任何影响！"这样，学会慢慢适应噪声，与噪声共处，噪声对个体的影响自然就会减小，急躁情绪也会消除，从而渐渐安静下来，重新进入专注状态。

当然，如果个体实在无法忍受这些噪声，在条件允许的情况下也可以选择远离它。

白噪声：对抗环境噪声的有效工具

人在生活环境中不可避免地会受到各种噪声的影响，这些噪声可能来自楼上装修的电钻声，孩子们的追逐打闹声，或者不远处机器的轰鸣声，隔壁邻居的吵架声，电视里人物的对话等。想避免也避免不了，除非你离开那个场所。这些噪声会影响人们的生活，让人感觉烦躁，甚至无法集中精力工作和学习，也会影响睡眠质量。但是你知道吗？有一种噪声却相反，能够让人感觉很舒服，甚至能对抗环境中的噪声。

这种噪声被称为"白噪声"。尽管它的名字叫"白噪声"，但它并不是"噪声"。这是一个声学术语，表示一段声音中频率分量的功率在整个可听范围（20～20000Hz）内都是均匀的。这是一种功率谱密度为常数的随机信号或随机过程，是一种单调且有规律的声音。

白噪声覆盖了人类耳朵可以听到的全部振动频率，有些白噪声大脑根本无法理解其内容。然而，白噪声的作用不可小觑，它可以帮助人放松，甚至用于辅助治疗失眠。许多接受过白噪声治疗的人形容这些声音像是雨声、海浪拍打岩石的声音、风吹过树叶的沙沙声、瀑布飞流而下的声音、小溪潺潺流水的声音。古典音乐以及轻音乐，甚至电扇的旋转声、空调的轰鸣声、电视或收音机没信号时发出的沙沙声等也具有白噪声的功能。这些声音对各个年龄段的人来说，都能起到一定的声音治疗作用，是一种"和谐"的治疗声音，可以过滤和分散噪声，帮助减轻噪声带来的分心，从而让人放松地进入睡眠状态。英格兰球员韦恩·鲁尼在他的自传里曾说，他需要听到真空吸尘器或吹风机发出的声音才能入睡。

此外，白噪声还可以提高专注力。在工作时不妨播放大自然的声音。如果在专注地看书时被外界的噪声打扰，可以使用"白噪声"来抵抗干扰。注意，看书时尽量不要看电视，也不要听能够理解语言内容的音乐和广播节目，因为这些声音是噪声。可选择轻松的音乐，并将音量调低，这些属于白噪声。

如果晚上睡觉时附近有一些噪声，如配偶的打鼾声、窗外的犬吠声、邻居的吵闹声、汽车的鸣笛声等，找一段白噪声来"屏蔽"一下也是一个很好的选择。因为当人们处在足够响的白噪声环境中时，无论是声音的突然消失还是出现，这些变化都会淹没在全频段能量一致的白噪声中。这样一来，再突如其来的声音也很难将你突然唤醒或让你心烦意乱。笔者在晚上睡觉时常会播放一些催眠音乐，听着潺潺的流水声，很快就能进入熟睡状态。

因此，在播放白噪声的环境中，人更容易放松下来，精神也更加专注。感兴趣的朋友不妨在电脑上找到相关网站，或者在手机上下载一些应用程序，获取丰富的白噪声，如海浪声、海风声、下雨声、瀑布声或风声等。你也可以在床头柜上放一个小闹钟，闹钟规律的嘀嗒声可以让你在夜晚安心入睡，休息时放松神经，工作和学习时保持专注。

由于每个人对不同频段声音的耐受能力不同，人们更容易长时间接受接近人声的频段。音量较高的低频段和尖锐刺耳的高频段更容易引发心理上的不适感。因此，即使是白噪声，也需要控制其音量，尽量不要调得太高。

长时间持续地只听白噪声，可能会让人昏昏欲睡，出现异常，甚至导致精神崩溃。因此，在播放白噪声时一定要注意时长，适可而止，不要让人一直处于白噪声之中。

光线变化：容易被忽略的干扰因素

晴天，风和日丽，总给人神清气爽的感觉。阴雨绵绵的天气、昏暗的灯光则会让人有昏昏欲睡的感觉。司机师傅们都不大喜欢开夜车。这是什么原因呢？原来都和光线有关。

光线会影响视网膜神经节细胞。这些视网膜神经节细胞帮助调节人体的生物钟。当生物钟紊乱时，会影响人的情绪。因此，可以说光线间接地影响了人的情绪，干扰了大脑的专注力。如果一个人长期生活在不夜城里，他的生物钟在夜晚会被扰乱，导致睡眠质量下降，进而影响白天的情绪状态，严重影响工作效率。此外，夜晚开车的司机受到繁华都市中沿途的路灯、刺眼的车灯和广告灯箱等亮光的影响，常常会出现注意力分散现象，极易发生意外。

一般来说，柔和、适度的蓝白光线更有助于集中注意力。德国的一项研究也证实了这一点：白天处于蓝光下可以提高专注力。如果环境的光线过于明亮或过于昏暗，不仅会影响视力，还会使人无法专注，降低工作和学习的效率。研究人员做过对比：人在晴朗天气的自然光（也就是偏蓝的白光）下工作，整体表现会有所提升；在暖光（例如黄色的灯光）下工作，则容易让人感到舒适甚至滋生困意，专注力也会下降。这表明，偏蓝的白光可以让人更加警觉，思路更清晰。因此，有些公司会将内部照明灯改成LED（发光二极管）灯，以帮助员工更有效率地工作。

当然，过强的蓝光对人体也是有害的。如果长期错误地使用光线，不仅无法提高专注力，还很容易生病。例如，睡觉前如果长时间暴露在智能手机或电脑屏幕发出的蓝光下，将会导致睡眠质量下降。因此，卧室的灯光应以温馨、恬静、舒适为主。如果担心光线对睡眠有影响，还可以戴上遮光眼罩。

那么，在工作和学习时，室内的光线该如何选择才能让注意力更加集中呢？

首先，一定要注意工作和学习场所的采光情况，保证光线充足。办公场所应尽可能多使用天窗。

即使是白天，如果室内光线没有外面的阳光那么强烈，也可以适当将灯光调亮。阴天时应将灯开到最亮。最好坐在窗户旁边，并尽量多出门活动。2018年，来自康奈尔大学设计与环境分析系的科研团队进行的一项研究表明，坐在距离窗户3米以内的员工，视觉疲劳、头痛和视物模糊等症状减少了84%。

晚上应该尽量调低室内的亮度，选择亮度较低的灯泡，并且要小心电脑和手机屏幕发出的蓝光。必要时可以将屏幕的背景调成暗色，或者戴上蓝光过滤眼镜以减少蓝光的影响。

其次，在选择家居室内灯光颜色时，一定要避免强烈的色彩对比，比如红绿搭配，或刺激性较强的颜色。同一房间内，灯光颜色最好不要超过3种，各种颜色要协调统一。室内灯光一定要柔和，不宜太亮或太暗。书房内既要有简单的主体照明，又要有台灯。台灯可选择白炽灯。伏案工作时，室内开大灯的同时，也要开台灯，让灯光照在习惯用手的对面，并调节在视线以下，以免过强的灯光照射到眼睛。因此，选择台灯时，要综合考虑色温、亮度、广角、光线均匀度、防止眩光等因素，这样既可以保护视力，又能够提高专注力。

最后，要想集中注意力，书房或工作场所的空间布置绝不能马虎。色调要尽量统一，不要有太多复杂的设计和花纹。浅蓝色、浅绿色和浅黄色都是不错的选择，能够给人一种平静和缓的感觉，使人很快进入专注状态。

总之，光线的强弱与专注力的强弱紧密相关。一定要坚持"白天亮、晚上暗"的原则，这样就可以将生物钟调整为"专注模式"，从而提高工作和学习效率，同时改善睡眠质量。

拿走环境中的"分心物"，避免心不在焉

常言道"眼不见，心不烦"，这句话是有道理的。当环境中充满繁杂的"分心物"时，常常会使人心不在焉。

在这个喧嚣嘈杂的世界，人们每天都会被各种琐事缠身。在日常生活中，工作和学习等许多需要特别专注的场合，常常会被环境中的一些"分心物"打扰。这些"分心物"可能是手机、游戏机；可能是电脑上需要处理的邮件、手边的一本有趣的书；还可能是电话、小零食等，五花八门。干扰来自各个方面，可能是你在与家人和朋友聊天时，突然接到的电话；可能是当你打算集中精力工作时，同事过来找你说事；还可能是当你打算看书时，却又很想打开手机刷微信公众号……

下面具体谈谈两种常见的"分心物"。

"分心物"之一：手机

现代人越来越离不开手机了，甚至有人形容："现在出门，一部智能手机搞定，手机就像是老婆，离了手机感觉心里空落落的。"手机上的很多应用程序为人们的生活带来了快乐和便捷。比如，想购物、吃美食都不用上街，用手机很快就能搞定；想打游戏，手机上随时都有，甚至可以联网组团玩；微信、QQ等能迅速地传递即时信息，让空间相隔较远的人们立刻感觉近在咫尺；最近很火的快手、抖音等平台上的短视频更是不计其

数。于是人们刷朋友圈、看微博、玩游戏、看视频……欲罢不能，成了手机的奴隶。

但是，手机在为人们提供便利的同时，也逐渐成为专注力的最大干扰。长时间看手机很容易造成视觉和精神上的疲劳，使人思绪混乱、精神分散，想要取得成就却很难集中注意力，无从下手。

"分心物"之二：电子邮件或其他通信方式

电子邮件早已取代了手写书信，使用起来更加方便快捷。但和其他的通信方式，如手机、电话、微信、短信和网络等，常常在专注工作的时候突然响起通知铃声，或弹出信息提示，这既打断了人的思路，又分散了人的注意力。

如何免受这些"分心物"的干扰呢？解决之道在于整理所处的环境。周围环境中杂乱的事物会抢夺你专注做事的时间与精力，使你注意力不集中，导致做事效率下降，压力上升，焦虑加剧。因此，清除一切可能让你分心的因素才是关键。具体可以从以下方面考虑。

拿走桌面上的无关物品

首先，要保证桌面的整洁，以及环境的整洁。确保学习、工作区域不出现与之无关的零食、水果、书报、照片等物品。因为即使是一个小玩偶或小手办，都可能成为分心的诱因。

其次，桌面上尽量不要放置手机，尽量保持学习、工作环境的安静。如果确实需要放置手机，可以将其调成勿扰模式，不仅静音，连振动都尽量关掉。无论是收到新邮件，还是有人发微信或短信，在专注的时间里都不要听到提示音。为了防止手机干扰，还可以卸载一些不太需要的应用程序。当使用社交媒体等可能分散注意力的应用程序时，尽量在电脑上登录，而不一定非要使用手机。

最后，如果在电脑旁工作，电脑的启动及屏保页面尽量选择简洁大方的画面，避免出现让人产生过多回忆及联想的图像。同时，将与工作无关的其他程序和页面关闭，仅保留当前需要的工作页面。

设定专门查看信息、邮件的时间

有人喜欢随时查看手机上的消息或邮件，并且喜欢第一时间回复。这种"迅速回复"看似高效，但实际上却让人无法专注于手头的工作。因为铃声一响，好不容易想到的点子就飞到九霄云外了，反而会降低工作效率。前面已经解释过，人的大脑不适合同时处理多项任务。当专注工作时迅速回消息，实际上是让大脑在不同任务之间切换，这样会消耗大脑的能量，让人注意力分散。研究表明，一旦专注状态被打断，人们平均需要25分钟才能重新回到专注状态。

把"随时"和"被动"查看手机短信、微信和邮件改成"定时"和"主动"查看，被邮件或其他通信工具牵着鼻子走的日子便会一去不复返了。因为当一个人习惯了不随时主动回复短信、微信、邮件等消息时，对方一旦意识到就算发短信、微信、邮件等，也不会立刻被查看到，或许就不会动不动就发短信、微信、邮件了。如此一来，无论是在职场上还是生活中，所有的注意力都能集中在手头的任务上，自然就节省了时间，提高了效率。

消除电话带来的干扰

很多时候，当电话铃声响起时，人们无法做到不去接听。但立刻接听电话，不仅会受到铃声的干扰，还可能因为电话内容引起情绪波动，干扰正在进行的工作，甚至导致工作中断。因此，延迟接听电话是一个较好的选择。例如，开车时手机铃声响起，可以将车停在路边，待车停稳后再安心接听电话，这样就不会因边开车边接听电话而分心。再如，可以在听到电话铃声响起时不立即接听，而是忙完后再回拨给对方，并向对方解释原因，这样就可以有效消除电话干扰。

优化人际，减少无休止的打断行为

人是社会的存在，活在这个世界上不可能独立存在。无论是与同事、家人、朋友还是陌生人，都需要情感沟通和交流互动。对于一个正在专注工作或学习的人，人际互动过多反而会成为一种干扰和打断。

你绞尽脑汁，好不容易对某个方案有了新思路，有个同事突然过来和你说起昨天的足球比赛；上司偶尔过来查看一下你工作的进展情况，并给你布置新的任务；某个客户打来电话，要和你交流合同的事情；你正兴致勃勃地和同事讨论工作方案，介绍你的思路，亲人、朋友恰好因为生活琐事在微信或短信上联系你，甚至一遍遍地打来电话……工作总是被无端打断，做事的兴趣立刻减弱了，取而代之的是不快与郁闷。

人际互动，成了人们专注力的巨大干扰源，而且无处不在，难以避免。那么，遇到这些情况该如何处理呢？

学会善意提醒

最好的办法是善意地提醒对方，自己正在专注地做一件事，此时不希望被打扰。可以在工作台上放一个牌子，表明正在工作中，请勿打扰。有一个很好的例子：以前护士在配药、发药时，由于经常遇到患者的询问，有时候其他同事也会来问工作上的事情，这样就会分散护士的注意力，常常出现错误。后来，为了保证医疗安全，不少医疗机构给配药的护士穿上了印有"配药操作，请勿打扰"字样的红马甲，既提醒大家不要打扰，又提醒当班护士要专注操作，不要分心，同时还能接受群众的监督。穿上特制马甲以后，护士配药时，在外面走廊上等待的患者和家属都很安静、很耐心地等待。护士操作时被打扰的情况减少了，工作效率提高了，出错率也大幅降低，患者和家属们也更放心了。

学会说"不"，懂得拒绝

正准备考研的小张非常苦恼，因为在自己专注学习时，女朋友总是过来和他闲聊，让他陪着出去玩。一次两次还可以，但总是被打断思路，小张根本看不下去书。

不懂得拒绝的人的通病就是觉得拒绝别人不好，害怕伤害对方，一旦拒绝别人就会感觉自己太自私，因此心存愧疚和不安。小张正是这样的人，正因为他不会说"不"，不懂得委婉拒绝，搞得自己非常烦恼，女朋友也很不开心。其实不懂得拒绝是一种人际关系模糊的表现，也是不自信的表现。

当一个人学会从自己的角度出发，建立清晰的人际界限，知道自己该做什么、不该做什么，哪些是自己的事情，哪些是别人的事情时，自然就懂得委婉地拒绝别人了。在上述案例中，小张可以对女朋友说："我现在正在看书，等我看完这一段再和你聊天。"或者直接告诉对方，自己这段时间很忙，等忙过这一段再去找她，再陪她一起出去玩。

找到高效时间段

人不可能时时刻刻都保持专注，因此要允许自己有处理杂事的时间。要学会回顾、整理自己一整天的时间，找出哪一个时间段不会被打扰，并尽量将最重要的事情安排在这个时间段处理。小琴是一名公关人员，白天工作非常忙碌，一整天不是接电话就是应对客户，总是会有人来打扰，根本没有时间安静地坐下来阅读与业务相关的书籍。后来她学会了一种为自己创造高效时间段的方法：每天早起一个小时。这段时间是她自己可以掌握的，肯定不会有人打扰。正是在这个安静的时间段里，她专注地阅读了很多书，完成了许多任务，工作和学习的效率也因此得到了极大的提高。

主动沟通，寻求理解

晓晨在单位的人缘特别好，虽然每天事情很多，干扰事项也不少，但她的工作效率却很高。当别人问及她高效的秘诀时，她分享的方法是：利用自己的性格优势，主动出击，寻求对方的理解。当然，如果遇到对方有很紧急的事务，确实急需她帮忙时，她也会立刻放下手头工作，伸出援手，及时处理。但如果看到对方没有什么紧急和重要的事情，而她自己的事情更重要时，她就会主动告诉对方："我现在正在处理紧急事务，等我处理完了，再给您回复。"人们处理问题的方式往往会形成一种习惯，用晓晨的话说："我如果总是一味被动配合对方的干扰，对方就会习以为常，甚至会变本加厉地增加对我的干扰。我说透了，对方也能理解，理解万岁！"

远离"订阅疲劳"，避免"信息过载"

小金是一位中学教师，最近总是感觉手机内存不够用。她在微信上订阅了很多公众号，觉得每一个都很好，都舍不得删，都想看。喜欢刷剧的她还订阅了许多网剧。订阅之后，海量信息扑面而来，这个也想看，那个也舍不得丢。她每天都沉浸在刷剧、看文章中，一个暑假把自己忙得晕头转向。像小金这样陷入"订阅疲劳"的人还真不少。

2019年3月19日，国际知名审计事务所德勤发布了第13版"数字媒体趋势调查"，发现美国消费者正从多个来源拼凑他们的个性化娱乐体验。德勤副董事长兼美国电信、媒体和娱乐业务主管凯文·韦斯科特在一份声明中表示："在美国，有超过300个顶级视频应用，再加上多项订阅和支付需要关注，消费者可能正进入'订阅疲劳'时代。"

"订阅疲劳"会不会导致"信息过载"？答案是肯定的。如今，人们接触的日常信息量早已超过了大脑的容量，很多人在有意无意间收集、囤积大量信息，被它们牵着鼻子走，并对信息过剩的状态熟视无睹，甚至认为理所当然。然而，大量囤积信息的结果就是造成"信息过载"。当过多地浏览和接收各类信息时，会诱发诸如疲倦、焦虑、烦躁、失眠、虚弱等各种问题，导致人的身心出现异常状态。

为什么会出现"订阅疲劳"？主要是因为内心想法太多，总觉得这些信息将来可能有用，那些信息以后肯定用得着。不善于选择对自己有用的东西，不懂得取舍。其实，人生是一个不断选择和取舍的过程。美国总统林肯说过：所谓聪明的人，就是知道什么该选择。有的人订阅了很多公众号，想学很多东西，在每个地方都要打卡，不想错过任何机会。想做的事情太多，但精力又不够，弄得自己疲于奔命。

如何解决"订阅疲劳"问题呢？答案很简单，就是进行"线上断舍离"。"断舍离"这个概念来自日本女作家山下英子的《断舍离》一书，书中有这样一句话："其实，与物质一样，我们应该和信息本身保持一定的宽松距离。在必要的时刻，获得必要分量的必要信息。"

具体可以从以下方面着手。

有"断舍离"的意愿

电视、广播、互联网、手机、书籍、杂志、报纸等媒介每天都会输入海量信息，这些信息对人脑的冲击程度远远超出大脑的信息处理能力。面对如此众多的信息，人们既无法也无必要全部掌握。相比于掌握信息，更重要的是如何有效利用信息，提高信息处理能力。与其让这些信息大量侵占大脑，不如有意识地切断信息输入，从而摆脱被"集体催眠""相互洗脑"以及因此产生的"必须更快更多地收集信息"的强迫性观念。

尝试做减法

人们总是渴望不断获取知识和信息，有些人甚至不分轻重地胡乱收集信息。这种收集本身虽然没有错，但并不是必须的。有位哲人曾说过：再好的东西，如日常杂物，长时间用不着时，放在那里只会占用空间，完全可以把它扔掉。正如日常杂物需要精减一样，信息杂物也需要定期清除。

对于某些知识性的信息，如果暂时用不着，就不要囤积在那里，等真正需要时再找也完全来得及，因为这些信息可以随时在网页上搜索到。

在订阅信息时，一定要考虑"我准备如何利用这些信息"，有意识地寻找信息的出口。对于一些特别重要的信息，一定要严格筛选，仔细琢磨。例如，某些信息对工作有用，可以及时将其单独整理出来，并汲取其中对自己有用、有意义、有价值的部分，转化为自己的知识能量，同时将不需要的信息排除出大脑。

明白什么对自己最重要之后，小金老师对各种信息进行了大刀阔斧的"断舍离"，关闭了很多不常用的公众号，只关注自己特别感兴趣的几个。即使是那些自己平时很喜欢的、票房很高的、最新上映的电影也不再囤积，而只是在自己偶尔想起时临时下载观看。如此一来，小金感觉轻松了很多，每天多出了很多时间，做事也更加专注了。

解放内心，别让情绪挟持你的专注力

稳定的情绪，有助于酝酿专注力

刚参加工作不久的李丽最近总是做噩梦，梦中总是回到当年的高考考场，拿着笔不知道该从何下手，头脑一片空白，紧张得大汗淋漓，把自己吓醒了。原来，单位马上要进行业务考核。由于她是新手，业务不够精湛，再加上和大家还不太熟，李丽总担心自己会考核不过关。白天常常感到紧张、焦虑，工作时注意力也难以集中，频频出错。如果带着这样的情绪状态进入考核现场，考核结果一定不会让人满意。

这里的"紧张""焦虑""害怕"等都是情绪。有学者对"情绪"的定义是：情绪是内心感受经由身体表现出来的状态。每个人都会有情绪，古人常把人的情绪分为喜、怒、哀、惧、爱、恶、欲7种基本形式，现代心理学也把这些情绪概括为快乐、愤怒、悲哀、恐惧4种基本形式。情绪没有好坏之分，只有正面和负面之分，快乐就是正面情绪，愤怒、悲哀、恐惧则属于负面情绪。不同的情绪体验往往影响人们对事物、对人的看法、态度和行为。"我见青山多妩媚，料青山见我应如是"，心情好，感觉山也有了情感；人逢喜事精神爽，做什么都觉得动力十足、充满信心；"感时花溅泪，恨别鸟惊心"，心情不好时，小鸟都碍眼。情绪有强有弱，持续的时间有长有短；有的人情绪很稳定，有的人情绪很不稳定；有些人的情绪发泄指向外部，常对别人乱发脾气，有的人则指向内部，觉得自己各方面都不好。情绪的表达方式也各不相同。

　　有学者提出，情绪会影响一个人的专注程度。当人们有情绪波动时，注意力会集中在引起情绪起伏的事件上，从而自动屏蔽其他外界事物。在这种情况下，如果进行学习或工作，就很难集中注意力，倦怠和烦躁随之而来，记忆力和思维能力也会受到影响，工作和学习的效率也会因此降低。例如，一个人在焦虑时，越是焦虑，就越难以集中注意力，由此产生的挫败感又会加重焦虑，形成恶性循环，使不安和焦虑愈加严重。

　　情绪不稳定的人往往缺乏情绪管理的能力，一点点刺激就能让情绪成为他们的主人，表现为情感激烈、爱激动、脾气暴躁、难以自制。而情绪稳定的人一般都有较强的情绪处理能力，不会让情绪积压，能够管理好自己的情绪，即使遇到极端情况，也能神色如常、淡然处之，表现为身心舒适、睡眠安稳、头脑冷静，不会因为周围刺激的干扰而无法集中精神。

　　可以说，稳定的情绪非常重要，它能够孕育出专注力。

　　射击是一项失之毫厘便差之千里的比赛，最注重的是专注力。记得在1984年7月29日第23届奥运会洛杉矶普拉多射击场上，中国射击运动员许海峰在比赛中意外出现了失误。然而，当时的他并不慌张，稳定住了自己的情绪，继续比赛，最终获得了冠军。稳定的情绪成就了他，实现了中国奥运史上零的突破。由此可见，稳定的情绪对专注力有多重要。反之，一个容易情绪化的人则很难专注地做好眼前的事情。同样是在赛场上，1986年世界击剑锦标赛上，意大利的一名运动员由于脾气暴躁而被取消了比赛资格。

　　是不是情绪稳定的人就没有脾气？并不是这样。他们也会有情绪，也会发脾气，但他们更能够调节自己的情绪，让自己很快从负面情绪中走出来。

　　如何才能形成稳定的情绪呢？

自我觉察就是很好的办法

不妨先给自己3秒钟做深呼吸，然后向内看，觉察自己当下正在经历什么情绪，明白情绪其实只是一个信使，每一种情绪都带着重要的信息与我们沟通。不压抑、不对抗它的到来，意识到这是人正常的生命表现，并不代表一定要通过行为和语言来发泄它，尽管让它在身体里达到高峰，再回落消失。

适当的情绪宣泄和转移注意力也是不错的方法

负面情绪宜疏不宜堵。如果始终不宣泄，累积久了，常会以极端的方式爆发出来。一些长期经历家暴的妇女最终杀死丈夫或者自杀就是比较极端的例子。可以洗个热水澡、听听音乐、写写日记、找人倾诉；还可以找个没人的地方扯着嗓子喊几声，哭一哭，唱一唱；运动运动（跑步、打球等）……这些都是很好的宣泄办法。

情绪稳定可以提高专注力，通过转移注意力可以调节人的情绪，使其更加稳定。平时工作压力极大的某商界大佬，就喜欢通过滑雪来转移注意力，从而稳定自己的情绪。

更专业的做法，可以利用"情绪ABC理论"加以调节

该理论中，A代表Activating Event，即事件本身；B代表Belief，即人们对这件事的看法；C代表Consequence，即人们对事件产生的情绪。这个理论认为，造成人们情绪困扰的根本原因，不是事件本身，而是人们对事件的看法、想法、解释和评价。归根结底，是人们对此事件的信念。因此，尝试着改变对所遇事情的看法，就可以调节自己的情绪。例如，文章开头提到的李丽的例子，本身要进行业务考核这件事（A）并不一定产生紧张、焦虑、害怕的情绪（C），而是因为她有这样的想法：我刚上班，业务不精，肯定考核不过关，以后怎么在公司里混啊？太糟糕了！（B）

这些想法导致了她的情绪困扰。只要慢慢调节自己的想法，例如：虽然我刚上班，但我一直很努力，做得也不错，肯定可以考核过关；或者即使我暂时能力不行，也不代表永远不行，正好趁考核还没开始，抓紧练习，相信自己一定能过关。

有了以上的方法，李丽肯定可以慢慢从抓狂的状态中调整过来。当然，稳定的情绪不是一朝一夕就能形成的，还需要长时间的逐步修炼。有了稳定的情绪，必然会酝酿出高效的专注力。

正视愤怒的真正原因，让情绪逐渐冷却

孩子不听话，父母生气地把孩子揍了一顿；要过年了，小夫妻二人因为今年该去婆家还是娘家又吵了起来，双方都很生气，而且越吵越凶，最后不欢而散；上班的路上，快要迟到了，却偏偏遇到了红灯，于是有人开始骂骂咧咧，甚至怒气冲天；办公室里，由于被上司批评了几句，有的人满腹牢骚，有的人敢怒不敢言；在饭店点菜，其他桌来得比自己晚都上菜了，而自己这桌还没上，于是开始生气，找服务员理论……和其他情绪一样，"愤怒"与生俱来，相信每个人都会在生命的很多时刻，与内心的"愤怒"这种强而有力的情绪不期而遇。

人为什么会有愤怒情绪？

首先，愤怒是一种本能，也是人类的心理保护机制之一，它能够使人们更好地生存。有学者说过："愤怒其实是在教会人们在事情中学习""如果我们没有不甘心被别人看低的感觉（愤怒），我们就不会由此发奋"。所以，当人们想要实现某方面的目标却遭遇阻碍时，就会产生愤怒的情绪。这种情绪能够调动人的生理激素，提高人的专注力、运动能力等，让人产生一种无论如何也要实现目标的冲动。

这位学者还说："愤怒给我们一种力量，让我们去改变那些我们无法接受的情况。（我不够生气时可能做不到，但如果激怒了我，我就会豁出去！）"从这个角度来看，愤怒情绪有助于在极端情况下获得生存空间。

还有学者说过："消极情绪能提醒我们，我们正处在一种富有挑战性的新环境中，需要采取更加专注、细致和敏锐的思维方式。"因此，有愤怒情绪并不都是坏事。

其次，当别人的行为与自己的意愿不符时，自己会感到权威被挑战，从而感到愤怒。当然，愤怒还可能因为以下原因：感受到不公平；承受较强的压力但无法化解，进而对自己进行惩罚；愤怒情绪可能由自卑、恐惧等其他情绪转化而来；有时别人的愤怒情绪也会传染；或者对自己感到不满；等等。然而，最主要的原因还是存在绝对化的"必须"型思维方式。

如果一个人能够适当地表达愤怒情绪，那么愤怒对他而言就只是一种宣泄压力和抵抗挫折的方式。但是，如果一个人的攻击性愤怒情绪无法恰当地宣泄出来，那么对于愤怒者本人和周围感受到愤怒的人来说，就是一种破坏力量。这种负面情绪不仅对当事人有害，还会"传染"。心理学上有个著名的"踢猫效应"，说的是"有一个父亲在公司受到了老板的批评，非常生气，回到家就把在沙发上跳来跳去的孩子臭骂了一顿。孩子心里窝火，又去狠狠地踹向身边打滚的猫。猫逃到街上时，正好一辆卡车开过来，司机赶紧避让，却把路边的孩子撞伤了"。这就是典型的坏情绪逐渐传递、传染的例子。可见，人可以愤怒，但是不能压抑愤怒情绪，也不能肆意、不适当地表达这种情绪。

那么，如何正视这些愤怒的根源，让情绪慢慢冷却下来呢？不妨试试以下方法。

发怒后忍耐一会儿

笔者清晰地记得，孩子小的时候，因为做错事，被我愤怒地劈头盖脸骂了一顿，还说了很多大道理。当时，我感受到的是孩子一直低着头，流着眼泪。后来有一次和孩子提起这事，孩子说："我当时根本不知道你在说什么，只是觉得害怕，看你那么凶，我都担心你会再把我揍一顿。"可见，愤怒时肆意发泄，批评和指责别人，并不会起到好的作用，反而会让对方产生不好的情绪。之后，我改变了方式。当感到愤怒时，我会独自待一会儿，等心情平静后再尝试解决问题。实在生气时，我会离开现场，等心情平复后再心平气和地与别人交流。有时偷偷掐自己的手，将注意力转移到疼痛感上，也是缓解愤怒情绪的一个比较实用的方法。

倾听内心的声音

当冷静下来之后，你需要好好思考，是什么原因让自己如此愤怒。真的只是因为表面上的孩子不听话，还是本来就有愤怒情绪，自己没有察觉，孩子的表现只是一个导火索，一个爆发的点？再深入挖掘，会不会与自己的无能感、无力感有关？会不会是因为自己找不到其他更好的教育孩子的方式，只能通过愤怒的方式……

调整"应该"的思维方式

因为内心有太多的"应该"，总觉得孩子应该能把事情做好，孩子应该不调皮；丈夫应该懂自己的意思；上司不应该当着那么多人的面批评自己；自己早到的，应该有个先来后到，应该先给我上菜……这些"应该"其实是人们头脑中的绝对化思维。不妨把"应该"变成"最好能"，变"愤怒"为"不快"，这样就可以慢慢平息下来。有学者说过：如果我不想生气，谁也没办法让我生气。所以，气与不气完全在于自己，完全在于自己的想法。调整了对事情的看法，自然就没有那么多气可生了。

回到当下，减少焦虑和幻想

有这么一个小故事：一天早晨，死神向一座城市走去，中途遇到一个人。死神让他给城里人带话："我将要带走100个人。"于是这个人赶紧跑去提醒所有的人："死神要来了。"然而，事情的结果并不像死神所说的那样。当这个人晚上再碰到死神时，他疑惑地问道："你告诉我说你要带走100个人，为什么却有1000个人死了？"死神答道："我带走了100个人，焦虑带走了其他的人。"

什么是焦虑？焦虑泛指一种模糊的、不愉快的情绪状态，具有忧虑、惧怕、紧张、苦恼和不安等特点，任何人都会遇到。比如，人们在面对考试、面对人际关系、面对各种棘手问题时，担心自己完不成任务，担心孩子不够优秀，担心自己跟不上时代脚步，担心别人对自己有看法，担心老人的健康，等等。成年人的世界，要背负的东西太多、太沉重。适度的焦虑并不是坏事，它能激发和调动个体能量，以应对外来的突发事件对自己构成的威胁，促使个体更好地完成自己的使命。比如，考试其实需要适度的焦虑，因为适度的焦虑可以让考生更加专注，不会因为过于焦虑影响发挥，也不会因为一点焦虑也没有而过于轻松导致粗心大意。

过度焦虑对人体是有害的。研究表明，焦虑会导致人体激素分泌紊乱、情绪低落，进而减少运动和暴饮暴食。过度的焦虑还会严重干扰人的专注力，使人难以集中注意力或关注其他事情。

人为什么会产生焦虑情绪？不外乎3点：一是无法忍受不确定性，只有自己百分之百地确定时才会放心；二是完美主义，要求自己必须做到一点差错都没有；三是过度的责任感，即觉得自己应该对所有人的幸福和安全负责。但事实上，这些都是不可能的。因为这个世界上不确定的事情太多。有人说："世界上唯一不变的是变化本身。"金无足赤，人无完人。人也不可能做到事事完美。有人概括说："世上只有3件事，即自己的事、别人的事和老天的事。"每个人只能对自己负责，没有办法对别人的幸福和生活负责。打理好自己的事，少去管别人的事，不去操心老天的事，自然就会减少焦虑。

曾经有这样一个心理学实验：实验者准备了一个箱子，让人们把当下自己正在担忧焦虑的事情写在纸上，投到箱子中。半个月后，实验者打开箱子，再问大家担心的事情是否发生。结果发现，绝大多数事情都没有发生。这就是心理学上的"费斯汀格法则"：生活中的10%是由发生在你身上的事情组成，而另外90%则是由你对所发生的事情如何反应决定的。

除了焦虑之外，不少人还喜欢无谓地幻想。心理学家告诉我们：幻想是一种与生活愿望相结合，并指向未来的想象，它是创造性想象的特殊形式。幻想有积极和消极之分，积极的幻想通常也叫"理想"，是指符合客观规律与社会要求，在现实中可以实现的幻想。它能够让人产生巨大动力，激励人们克服困难，勇往直前。而消极的幻想也叫"空想"，它往往脱离实际，在现实中毫无实现的可能。沉溺于幻想只会让人逃避现实，止步不前。

那么，该如何减少过多的焦虑和消极的幻想呢？解决的关键在于回到当下。

首先，要清楚地知道当下自己需要什么，自己正在做什么，这是减少焦虑的前提。

其次，当焦虑的感觉来临时，使用正念的力量，回归当下。人的头脑无时无刻不在高速运转，也许回忆着过去的事情，也许担心着未知的未来，当然也会想着当下在做的事，随时跳脱。正念就是关注此时此刻你正在做什么。记得看过这样一个故事：一位老师和他的学生在树下分吃橘子，他发现学生掰了一瓣橘子放在嘴里，还没开始吃，又掰好另一瓣准备送入口中。他几乎意识不到自己正在吃橘子。老师就提醒他说："你应该先把含在嘴里的那瓣橘子吃了。"学生这才惊觉自己正在做什么。当一个人能够仔细地咀嚼，慢慢地品味那瓣橘子的时候，"正念"就来了。此时此刻，专注在当下的这件事上就是正念，就是回到了当下。焦虑的时候，想到更多的是未来，是对未来不切实际的空想。不如像这位学生一样，专注地品味橘子，把注意力放在眼前的、此时此刻发生的事情上，看看自己正在做什么，静静地看着，什么也别想，慢慢地心灵就会归于宁静，并恢复到专注状态。

解决焦虑的方法还包括做一些简单、重复的事情，让自己忙碌起来，这样就没有时间焦虑了。有位作家说过："我相信工作的价值——越辛苦越好。不工作的人有太多的时间沉溺在自己的烦恼之中。"搬了一天砖的人，晚上往往都会倒头就睡，根本没有时间与精力去思前想后，不会充满焦虑。

在当前环境下，许多人可能会因为各种原因感到焦虑和不安。笔者作为心理援助热线的接听者，接到过不少相关电话。由于条件有限，无法亲自上门指导，只能因陋就简，建议其进行深呼吸或用后背有规律地撞墙。受助者反馈这些方法很有帮助，效果不错。所以，放下空想，埋头实干，让自己行动起来，充实忙碌起来吧。相信你一定会在行动中忘记烦恼，乐在其中。

打开专注的"开关"，战胜内心的恐惧

恐惧，就是平常所说的害怕。它是人在面临某种危险情境，企图摆脱而又无能为力时所产生的担惊受怕的一种强烈压抑的情绪体验。有人怕狗、有人怕蛇、有人怕鬼、有人怕虫子……怕去学校、怕参加考试、怕见领导、怕待在人多的地方、怕进入婚姻、怕乘电梯、怕打针、怕待在高处、怕接受新挑战、怕生病、怕死亡……从小到大，时时刻刻，方方面面，人们害怕的事物太多，害怕的地方太多。虽然人们恐惧的事物不尽相同，但是对可能到来的失败、未知的事物以及突如其来的改变都会有一种恐惧感。这属于很普遍、很正常的情绪反应，谁都会遇到。

人们为什么会感到恐惧？可能是因为对未知事物不了解，自身知识具有局限性；也可能是因为害怕承受未知事物带来的后果；此外，有些人把目标定得过高，担心无法实现，害怕失败后丢面子，或者害怕被拒绝、自尊心受挫，害怕被别人超越……

恐惧是人类在长期进化过程中形成的一种自动化自我保护机制。如果没有恐惧心理，祖先们在狮子、老虎面前还优哉游哉，早就被吃掉了。恐惧的作用在于向人们发出危险警报，提醒人们更加谨慎和警惕，从而采取适当措施应对危险。在危险消失后，恐惧感也就解除了。轻微且适度的恐惧可以带来好处。比如，人们对健康威胁的担忧可以促使他们更加关注个人卫生和公共卫生措施，从而减少疾病的传播。这种意识的提高不仅有助于维护当前的健康安全，也为未来可能面临的其他健康挑战积累了宝贵的经验和知识。再比如，害怕考试的人能够在适度恐惧心理的作用下更加努力地复习，争取超常发挥。

工作和学习过程中产生的恐惧多源于内心的一些想法，例如担心无法按时完成任务、害怕在众人面前出丑、担心自己能力不足、害怕被他人拒绝等。如果偶尔出现这些恐惧是正常的，它们可以让人更加警觉，努力克服困难。然而，如果这些恐惧持续时间较长且反应强烈，就会对人造成较大的伤害。它们会使人的知觉、记忆和思维出现障碍，失去对当前情景的分析、判断能力，并使人行为失调，导致人整天胡思乱想，无法集中注意力，甚至不能专注做事，严重影响工作效率。

那么，如何打开专注的"开关"，战胜内心的恐惧呢？

接纳自己的恐惧

告诉自己，每个人都会有恐惧，出现恐惧情绪是正常的。真正勇敢的人不是没有恐惧，而是虽然心怀恐惧，但依然能够带着这份恐惧直面自己的目标，做自己该做的事情。

觉察自己的恐惧

可以把自己恐惧的内容列出来，然后问自己，这些事一定会发生吗？它发生的依据是什么？会发生的概率是多少？探究恐惧背后是否存在一些不合理的认知。

直面自己的恐惧

当你做某件事情感到恐惧时，最好的办法就是直面它并立刻着手去做。很多时候，真正去做了，你会发现结果并不像你一开始想象的那么可怕。鼓足勇气去做让自己害怕的事，告诉自己，恐惧都是自己想象出来的，一会儿就会过去。比如，越是害怕在别人面前说话，就越要去说；越

是不敢在人多的场合发言，就越要去锻炼。做多了，自然就不再惧怕了。

在感觉恐惧时放松身体

恐惧时人会感到紧张，由于紧张和放松不能同时发生，所以可以通过放松来代替紧张。具体做法是进行深呼吸，同时回忆自己开心和成功的时刻，这种回忆可以帮助你建立自信，消除恐惧。

平时可以多学习和了解自己所恐惧事物的相关知识，明白其中的原理，这样就不会因为不了解而产生恐惧情绪了。也许有些人曾经经历过某些恐惧的时刻或场景，再次遇到时会感到特别恐惧。一个可行的办法是尽量避开这些特别恐惧的事物或场景，以缓解恐惧情绪。当然，如果希望克服恐惧，并且自己无能为力时，寻求专业人员的帮助也是一个很好的选择。

勇敢地直面内心的恐惧吧！只有面对并消除内心的恐惧，我们才能更加心无旁骛地专注于手头的事情，朝着目标前进。

抑制过度兴奋，恢复专注状态

现在是知识爆炸的时代，很多年轻人总觉得时间不够用，每天起早贪黑地学习大量知识；还有一些人由于工作的原因，即使在应该休息的时候也一刻不敢耽搁，生怕被时代淘汰。当然，也有一些人沉迷于打牌、下棋、打麻将、玩游戏之中，废寝忘食。这些人昼夜不停地连轴转，再加上该休息的时候不休息，往往会出现头晕眼花、四肢乏力、注意力无法集中、听力下降、记忆力减退、反应迟钝，甚至出现严重嗜睡、恶心呕吐或思维迟缓的状况。出现这些症状可能意味着你的大脑过度兴奋。长时间大脑过度兴奋，如果不加以改善和抑制，势必会影响个人的健康，需要我们高度重视。

正常情况下，如果感到大脑特别清醒，思路特别清晰，其实是大脑开始兴奋了。为了提高工作效率和学习效率，让大脑保持适度的兴奋是很好的，这能够取得事半功倍的效果。但是，如果大脑过度兴奋，出现上述症状，就需要进行调整。

造成大脑过度兴奋的原因往往是精神过度紧张，导致脑力活动过度。如果没有及时调整和充分休息，就会使大脑负荷过高。此外，有些人喜欢在入睡前饮用兴奋性饮料（如咖啡、浓茶等），睡觉时间过晚，喜欢抽烟、喝酒，又不爱运动等，这些不良习惯也会加重问题。一些突发的生活事件也会导致人们情绪波动较大，容易激动。当大脑一直处于过度兴奋状态时，人往往会胡思乱想，感到极度疲劳，精神不济，难以集中注意力。

那么，如何抑制大脑的这种过度兴奋状态，使大脑恢复到正常的专注状态呢？

首先，养成规律的作息习惯。几点起床，几点睡觉，什么时间做什么事情，一切安排妥当，按照计划严格执行。同时，每天预留适当的体育锻炼时间（如散步、做操、练瑜伽等），并预留冥想的时间，让大脑得到适度的休息。

其次，调整睡眠环境，改变不良生活习惯。例如，可以调暗灯光，戴上眼罩，最好在11点之前入睡，以确保迅速进入深度睡眠状态。睡前不喝咖啡、酒、浓茶等会使大脑兴奋的饮品，不抽烟，可以喝点牛奶或者吃苹果、香蕉、梨等水果，以及小米粥、酸枣仁粥、莲子粉粥等食物来预防失眠。不要轻易使用催眠镇静药物，因为这些药物反而会刺激大脑皮层使人兴奋。坚持以上措施，大脑也可以得到适度的休息。

最后，找到并有效地消除导致过度兴奋的心理因素，增强心理素质，学会放松自己，保持良好的心态。

用快乐驱动你的"积极专注力"

有这么一个故事：10年前，3个工人在砌一堵墙。有人过来问他们："你们在干什么？"第一个人没好气地说："没看见吗？砌墙！我正在搬运那些重得要命的石块呢。这可真是累人哪！"第二个人抬头苦笑着说："我们在盖一栋高楼。不过这份工作可真是不轻松啊。"第三个人则满面笑容地说："我们正在建设一座新城市。我们现在所盖的这幢大楼未来将成为城市的标志性建筑之一！想想能够参与这样一个工程，真是令人兴奋啊！"10年之后，第一个人依然在砌墙；第二个人坐在办公室里画图纸——他成了工程师；第三个人，成了前两个人的老板。

从故事中可以看到，第一个人和第二个人都把砌墙当作苦差事，觉得不轻松，可想而知他们的工作积极性也并不高。但第三个人把砌墙当作快乐的事，并为未来描绘了美好的愿景。以快乐的积极心态面对挑战，就能积极专注于工作，创造美好的未来。

记得小时候上学，学生中流传着这样一句俏皮话："大考大玩，小考小玩，不考不玩。"现在想来，这句话其实是有道理的：越是需要极大专注力的时候，越要让自己保持快乐，轻松上阵，才能更有效率。快乐的情绪可以提高专注力。

估计大家都有这样的体验：遇到自己感兴趣的事情，不需要任何人督促，就可以专注地投入其中并很快完成。但如果那件事是自己不感兴趣的，或是别人强迫自己做的，往往就会能拖则拖，久久不愿行动。这是什么原因呢？有学者将专注力分为积极专注力和消极专注力。积极专注力由我们的快乐驱动，比如当一个人快乐地接受一项自己感兴趣的任务时，自然很乐意完成。该学者提出，对于自己想做的事，人们可以采用"积极专注"的方式来避免分心。前面故事中的第三个人正是以快乐的心态积极专注于所做的事情才取得成功的。

快乐的情绪能够让人更专注。研究发现，当人们感到兴奋时，体内会释放肾上腺素等激素，这些激素能促进神经递质的分泌，并输送到大脑中的杏仁体，调节情绪和记忆区域，同时也能调控人的注意力，最终改变一个人吸收和记忆事物的过程。

爱因斯坦说过："兴趣是最好的老师。"当人们做自己感兴趣的事情时，他们是快乐的，不用别人催促也能又快又好地完成任务，这正好说明了这一点。人们在快乐时会受到一种重要的神经递质——多巴胺的影响，让他们能体会到任务完成后带来的喜悦和报偿性体验，从而感到幸福、自由和充满能量，心情愉悦。因此，快乐有助于提高专注力。越快乐，人们就越有可能愿意改变，采用更新的、更有趣的方式来完成工作，从而提高工作效率。

那么，如何以快乐的积极心态驱动自己的专注力呢？

首先，要保持好心情，保持积极良好的心态。

只有保持积极的心态，才可以有效地化解压力、克服疲劳、摆脱挫折，提高做事的效率。

可以通过饮食增加多巴胺找到快乐。例如，可以多吃乳酪、鱼、肉、谷物、乳制品、豆类，这些食物中富含酪氨酸。负责分泌多巴胺的神经元会在其他酶的帮助下，将酪氨酸转换成多巴胺。可以通过运动找到快乐。

人在运动的过程中，大脑中会产生血清素，血清素可以控制坏情绪、冲动以及攻击行为。运动过程中，大脑也会产生多巴胺，让人感到兴奋和开心。

每天可以通过摄影、写日记、记微博、发朋友圈等方式将一天中美好的经历记录下来，并持续进行。一天结束时，回忆3件让你心存感激的事情，最好也能记录下来。每天做一件随机的助人为乐的好事让自己找到快乐。所有这些，慢慢累积下来，就可以让一个人变得更加积极乐观。

其次，换个角度看待问题。

人生的际遇总有明暗两面。究竟感觉到的是明还是暗，是快乐还是痛苦，本质上都取决于心境，取决于看待问题的角度。

在苦闷失意的时候，不妨换一种心态看待问题，你会收到意想不到的效果。据说，美国总统罗斯福的一位朋友得知罗斯福家被盗后，写信安慰他。罗斯福回信道："亲爱的朋友，谢谢你来信安慰我。我现在很快乐。第一，贼偷的是我的东西，而没有伤害我的生命；第二，贼只偷了我的部分东西，而不是我的全部；第三，做贼的是他，而不是我。"何等豁达！

最后，积极专注的前提是开心快乐，有了开心快乐，才更愿意专注于那件事。

即使遇到自己不感兴趣、不愿意做的事情，也要想办法调整心态，把它看成是自己喜欢做的事情，开心快乐地开始行动。可以从"有点难但不会太难的事情"开始做。也就是先做一些简单的事让自己快乐起来，之后就会越来越专注，然后一点一点加大难度，从而完成整件事情。因为从简单的事情做起，人们更愿意尝试，也更容易坚持。如果一上来就很困难，很多人就会知难而退。当然，积极专注的动力还来自他人的赞美。当自己的行动被别人赞美时就会更努力，所以可以请别人多夸奖自己。即使没有别人夸奖，也可以自己表扬自己。当然，还可以在做这件事之前，先想象最终取得成功的快乐场景，以及成功之后如何奖励自己等。并把这个场景描绘出来，越具体越好，这样就会让自己更快乐，进而更加专注。

其实，快乐与专注是相互的。快乐的人更专注，专注的人也更快乐。愿所有人都能够快乐并专注着！

给予"适度"奖励，刺激专注的意愿

　　看过动物园或马戏团里动物表演的朋友肯定还有这样的印象：当可爱的小动物们完成一个动作或一段表演时，驯兽师就会给它们一些食物，动物们表演得非常卖力。

　　现实生活中，这种鼓励方式也比比皆是。上幼儿园的小朋友，每天回家时脸上或手上都会贴着小贴画，胸前戴着小红花，手里拿着好吃的；上了小学、中学之后，也常常会有各项评比奖励，诸如三好学生、优秀团员、优秀学生干部等，激励着孩子们更加努力地学习；参加工作后，也会因为工作业绩突出而获得各项绩效奖励，以及五一劳动奖章、三八红旗手、劳动模范等各种荣誉。无论是物质上的奖励还是精神上的奖励，都能推动人们的成长与进步。

　　即使在虚拟的游戏世界中，也会有各种奖励。有时是精神上的奖励，有时是物质上的奖励，获得奖励成了人们不断玩游戏的主要原因。适度的奖励会刺激专注的意愿，让人越玩越上瘾。

　　人人都喜欢被奖励。从心理学的角度来看，奖励能引起人的愉悦感，任何人都希望得到他人或社会的赞赏。奖励作为一种对人们行为的评价，在行为前它提示和引导着人们的行为，在行为后又能够鼓励人们保持和发展这种行为。适度的奖励，能够激励人们，让人们更加专注。无论是小动物们卖力地表演，还是人们努力地工作，抑或是玩游戏上了瘾，都是专注做事的表现，其中都有适度奖励的功劳（当然我们并不提倡游戏上瘾）。

如果稍微做点什么就立刻给予奖励，或者不分青红皂白地给很多奖励，就不叫适度奖励，而是奖励过度。当奖励过度时，人反而没有了行动的动力。为什么会这样呢？有心理学家通过实验观察得出了一个结论："适度的奖励有利于巩固个体的内在动机，但过多的奖励却有可能降低个体对事物本身的兴趣，降低其内在动机。"也就是说，过度奖励带给被奖励者的感受很关键，如果他感到仅仅是为了获得某种奖励才去做什么，那么他就感受不到做这件事本身的价值了。就像有些家长，为了鼓励孩子专注学习，会给很多的物质奖励，比如买玩具、买好吃的、给零花钱等。一开始孩子可能很感兴趣，但后来却越来越觉得没意思，反而丧失了学习的原动力。然而，适度的奖励还是有用的，因为大脑实际上可以根据这些奖励来调整自己的行为，并慢慢变成习惯。

那么，如何给予适度的奖励，激发专注的意愿呢？

就像打游戏有奖励一样，现实生活中也可以给自己一些奖励，来鼓励一下自己。获得适度的奖励能让大脑分泌多巴胺，从而产生好心情、满足感和自豪感，自然也就更愿意努力工作或学习。因此，可以在每天工作或学习之前先给自己设定科学合理、切实可行的目标。每次目标完成或阶段完成之后，给予自己一些实质性的奖励。也就是说，只有达到规定的程度，完成规定的内容之后，才可以得到期盼的奖励。这样，每天坚持完成任务，并及时给予奖励，人们就会为了获得奖励，更愿意专注地做事，尽快高效地完成任务。

奖励可以安排在工作的间隙，也可以放在整件工作完成之后。间隙中的奖励可以是小奖励，比如吃些好吃的（想减肥的朋友要适当注意），看几分钟漫画书等。整件事情完成之后可以是大奖励，比如奖励自己一身一直想买但没买的漂亮衣服，或者来一趟说走就走的旅行。每个人可以根据自己的实际情况，选择多种多样的奖励，但一定要具体且可落实，注意不要开空头支票。

奖励可以是自己给，也可以是别人给，当然你也可以奖励别人，以你的优秀去影响和鼓励身边的人。

相信在你一次又一次出色地完成任务，并获得适当的奖励之后，一定会爱上这种形式，并逐渐形成习惯。渐渐地，下次再遇到任务时，不用多想，你的大脑会自动进入工作模式，为了"获得奖励"而专注、高效地完成任务。学霸们把获取更多知识当作奖励，工作狂们把取得更高成效作为奖励。这种奖励方式，大家不妨借鉴一下，一定会使你更加专注！

想象失败的惨痛，激活消极专注力

日常工作和生活中，人们常会遇到一些不想做却又不得不做的事情，比如面对一个难缠的客户，或必须在一定时间内写完规定字数的文书，再如马上就要考试，书还没来得及看，但又必须要看等情况。这些事情都让人非常烦恼，却又难以集中精力去完成。有些事情当事人很喜欢，行动时就会带着快乐情绪，这时的行动就叫作积极行动；而有些事情当事人并不喜欢，但迫不得已还得做，这时的行动就叫消极行动。对于积极行动，人们可以积极地关注，在关注的过程中产生积极专注力；而对于消极行动，只能消极地关注，在关注的过程中自然就会产生消极专注力。

简单地说，消极专注力是与积极专注力相反的一种注意力表现形式。积极专注力以开心、快乐作为前提，因为有了积极情绪，才更愿意发挥积极专注力。而消极专注力则是以痛苦、难受、紧张、焦虑、恐惧等消极情绪激发出来的置之死地而后生的注意力表现形式。比如在一个重要的会议场合，某人心绪不宁，出现了走神现象。此时领导突然提问，让大家说说对某个议题的意见与建议，这个人为了不被领导发现，害怕被领导问到时出现尴尬场面，就会立刻努力回过神来，专注在会议内容上。这种情况就是消极专注力被激活了。

当人们遭遇恐惧或痛苦的事件时，或者当危机来临时，身体会分泌肾上腺素，使心跳和呼吸加速，血流量增加，血糖水平升高。这些激素能够提高唤醒和警觉程度，增强记忆的形成和恢复，并集中注意力，从而增强力量和提高反应速度。例如，当司机在公路上面对迎面驶来的汽车时，身体会立刻分泌肾上腺素，使其迅速警觉，注意力高度集中，并紧急避让。再如，运动员在重大比赛中能够超常发挥，也是因为受到了肾上腺素的影响。中国田径运动员刘翔在2006年以12.88秒的成绩打破了男子110米栏的世界纪录。记者在采访时问他比赛时是否害怕，刘翔笑着说："当时我很害怕，害怕跑不好会被全世界的人笑话，害怕跑不好会让家人失望，害怕跑不好会让祖国蒙羞。"正是他心中想象出来的这些失败的惨痛，激发了他的消极专注力，让他赢得了比赛的最终胜利。

因此，对于那些自己不想做、不愿意做、不感兴趣但又不得不做的事情，可以通过想象失败的惨痛来激发肾上腺素，从而激活消极专注力。

具体做法是：想象出糟糕的后果。

比如，不想接待难缠的客户时，可以想象因为自己没有接待他而被领导批评的场景，想象那个难缠的客户瞧不起自己的样子，想象因为这件事这个月的奖金被扣、回家后再被老婆臭骂一顿……想象得越具体越好。当有了这种害怕和羞耻感之后，就可能激活消极专注力，从而产生"我就来应付应付他，看看到底会怎么样"的念头。

再如，马上要考试，书还没来得及看。为了让自己好好看书应对考试，可以这样想象：考试的时候一个字也不会写，交白卷多丢人啊！考不好家长即使不批评，那失望的眼神也会让人受不了！没考过关，面试的机会就丢掉了，女朋友该多失望啊！等等。想象到的内容一定是比较糟糕的场景，是让自己觉得比认真看书、好好备考还不愿意接受的情况，这样就会激发自己的消极专注力。"算了！还是认真看书吧！"

趋利避害是人的本能。当具体想象出更坏的场景时，人们会觉得目前所做的事情并不会比那个想象中的坏场景更糟糕。"两利相权取其重，两害相权取其轻"，不如就此开始工作，以避免出现想象中的坏场景。

利用危机感与恐惧感处理不想做的事

某公司的销售人员小姜的工作业绩总是最出色。问他成功的秘诀是什么，他的话令人深思："我是因为害怕才做好的。"细问下来，原来他每次遇到自己不想做的事情，总会有很强的危机感和恐惧感，总觉得如果不做好，就很难在行业里立足。他刚刚有了孩子，又背负着沉重的房贷压力，如果不好好干，万一下岗了可怎么生活？一想起下岗后妻子哀怨的眼神，孩子也无法接受良好教育的场景，他就害怕。这种巨大的生存压力让他充满危机感和恐惧感，成了他行动的动力，使他不得不逼着自己努力工作。

很多人可能都有同样的感受，不想上班，只想"躺平"，但是为了生存又不得不工作。有些人运气很好，遇到了自己喜欢的工作，工作时感到快乐，效率也很高。但是也有一些人做着自己不太喜欢的工作，为了生存，不得不做。于是，生存的压力和对失业的恐惧也许就成了他们坚持的动力。

危机感，是对潜在的或未来的危险有预先的察觉。恐惧感，是对当前或未来的危险的担忧和害怕。从某种意义上说，危机感和恐惧感都可以让人变得警觉，提前发现危险，早做准备。小姜正是利用了这种警觉，提早做好准备，努力工作，使自己进入最佳工作状态。

有学者提出：危机感和恐惧感是消极专注的原动力。当一个人预感到可能会被别人批评、会有坏结果时，消极专注力就会被激发出来。因此，有些人会专门利用这一点来挑战平时不想做的事情，尝试一些稍微有难度、有挑战性的任务。大庆石油工人"铁人王进喜"曾说过："人无压力轻飘飘，井无压力不出油。"可以说，危机感和恐惧感给人们带来了适当的压力，而当人们被这种压力推动时，反而能把事情做得很好。

想必大家都听说过温水煮青蛙实验：实验人员把一只健壮的青蛙投入装满热水的锅中，青蛙马上感受到危险跳了出来。而当实验人员将热水换成冷水，并且用小火慢慢加热，一开始青蛙在冷水中自由地游弋，随着水温慢慢升高，青蛙并没有感受到危险，就这样慢慢习惯了水的温度，失去了危机意识，没有了强烈的危机感，这只健壮的青蛙就这样死在了锅中。孟子说过：生于忧患，死于安乐。人如果没有危机感和恐惧感，就会像"温水煮青蛙"一样失去斗志，失去前进的动力，不愿意离开自己的舒适圈和安乐窝。

换个角度看，危机既是危险，也是机会。只有应对了危险，才能抓住机会。人们往往因为害怕和恐惧而逃避做很多事情，也因此失去各种机会和可能性。每一次的危机和恐惧其实蕴含着向上、向前的机会，是突破，是成长，更是进步。正是因为有着强烈的危机意识，有的人才能够一次次地从困境中走出来。

为什么有些人总是难以取得成功？其实并不是因为他们能力不足，而是因为他们内心有恐惧感。因为恐惧，他们不敢挑战危险，不敢尝试未知的事情，当然也就失去了机会。实际上，越是害怕的事，我们越应该去挑战——尤其是在做的过程中挑战。有人说：做你怕做的事情，恐惧就会消失。成功除了勤奋和努力之外，还需要有危机感。遇到危险不要回避，要大胆迎上去，勇敢面对。

所以，不管是个人还是企业，都一定要有危机感和紧迫感，增强危机意识，居安思危，方能防微杜渐。因为如果没有危机感和紧迫感，危机和恐惧可能会随时降临；有了危机感和紧迫感，人们才会感到害怕，才会想尽一切办法，努力去改变现状。职场人的危机感和紧迫感一般来自职场上的竞争、生活上的压力、年龄上的劣势等因素。一定要利用这些危机感和紧迫感，善于挑战，不断突破自己，离开自己的"舒适区"。为此，就需要不断地学习新知识、新技能充实自己，不妨把周末时间、闲暇时间都充分利用起来，让自己更有价值。让危机感和紧迫感成为推动自己前进的动力。

停止自我为难，拒绝陷入恶性循环

小高是某事业单位的公职人员，已经工作了近10年。同事们发现，她总喜欢抱怨：明明自己长得漂漂亮亮，却总抱怨自己腿形不好，不太直；明明工作稳定，却总抱怨缺少变化，没意思；明明老公体贴顾家、孩子学习努力，却总是抱怨老公无能、孩子不聪明……相信生活中像小高这样的人不少，他们的生活充满了抱怨，不但抱怨自己，还会抱怨别人，抱怨社会，觉得哪里都不满意。这种抱怨说白了就是自我为难，就是和自己较劲，就是不能接纳自己，也不能接纳别人。他们之所以抱怨别人、抱怨社会，恰恰是因为他们无法接纳自己所面对的事情，也恰恰是因为他们无法接纳处于当时处境中的自己！当一个人不能接纳自己、不能接纳自己的情绪时，必然会让自己越陷越深，自我为难，并形成恶性循环。

自我为难，体现在任由负面情绪裹挟自己。例如，常常为一些小事紧张焦虑，思虑过多，陷入越紧张越焦虑、越焦虑越紧张的恶性循环；常常对要完成的任务产生恐惧感，不敢去做，又不得不做，感到非常无力；常常自我否定，觉得自己做得不够完美；常常缺乏自信，认为自己不够好、能力不足，无法出色地完成任务；常常因为愤怒而止步不前，或者把事情搞砸，人际关系也受到影响；常常陷入抑郁情绪，影响工作、睡眠，难以自拔等。

造成这些负面情绪的原因是他们常常感觉事情没有达到自己的预期，

没有按照自己所期待的方向发展，感觉失去控制。这种自我较劲只会产生内耗，带来内心纠结。这种自我为难还常常使人耗费极大的精力，导致认知能力受损，注意力、记忆力和思维能力下降，办事效率低下，从而严重影响工作和生活的各个方面。

自我为难的反面就是自我接纳。所谓自我接纳，就是要承认已经发生的事实。接纳自己包括以下几个方面：（1）允许自己偶尔出错。因为出错是人生的常态，人可以在错误中学习和提高。（2）不与别人比较。允许自己不那么优秀，因为金无足赤、人无完人，每个人不可能做到十全十美。台湾作家林清玄说："人生最大的缺憾，就是和别人比较。与高人比较，使我们自卑；与下人比较，使我们骄傲。外来的比较是我们心灵动荡、不能自在的来源，也使得大部分人都迷失了自我，屏蔽了自己心灵原有的馨香。"（3）允许别人做他们自己。因为每个人都有自己的生命轨迹，人们无法强求别人一定按照自己的想法做事，无法强求别人和自己一致。（4）允许自己有负面情绪。因为人有负面情绪是正常的，这些情绪恰恰是在提醒自己对现状要有所察觉，自己还有很多需要提高和改进的地方。

能够自我接纳的人，会对自己有客观的评价，相信自己的想法和做法，社会适应性强，人际关系良好。反之，不接纳自己，则会陷入自我为难的恶性循环。

如何做到不自我为难呢？

首先，要内化理解与接纳。

可以每天早晚对着镜子微笑，对镜中的自己说：我爱你，我接纳你本来的样子。这个练习非常重要，通过视觉植入信念，让潜意识理解自己被理解、被接纳。

其次，要有觉察力。

觉察到自己又在为难自己时，可以尝试放空自己。世界冠军邓亚萍在打球时曾说过："忘掉，无论上一个是好球还是坏球，你都要忘掉，眼睛要紧盯下一个球。"因此，在觉察之后，要定期放空自己，清空心灵的杂念，让自己复位归零，这样才能更专注地投入到工作、学习和生活中。

不会放空的朋友也不要着急，有一个很好的方法叫作"流叶"，不妨尝试一下。具体做法是：想象你站在一条小溪边，小溪上树叶轻轻飘过，把你脑海中的每个想法和消极的感觉都放在一片叶子上，看着它们飘走……

最后，调整自己的思维方式，做更好的自己。

有个女生，从小患有脑性麻痹症，这种病的症状十分严重：因为肢体失去平衡感，手足会时常乱动，嘴里也会经常念叨模糊不清的词语，模样十分怪异。医生根据她的情况，判定她活不过6岁。在常人看来，她已经失去了语言表达能力和正常的生活条件，更别谈什么前途和幸福。但是，她却坚强地活了下来，并且靠顽强的意志和毅力考上了大学，获得了艺术博士学位。她通过手中的画笔和良好的听力抒发着自己的情感。因为她不能正常说话，所以她的讲座被称为"写讲会"。在一次讲座上，一位学生贸然提问："您从小就长成这个样子。请问，您怎么看你自己？您有过怨恨吗？"在场的人都暗暗责怪这个学生的不敬，但是她却没有半点不高兴，她十分坦然地在黑板上写下了这么几行字：一、我好可爱！二、我的腿很长很美！三、爸爸妈妈那么爱我！四、我会画画！我会写稿！五、我有一只可爱的猫……最后，她以一句话作结论："我只看我所有的，不看我所没有的。"相信很多人先天条件都比她要好，但有些人却做不到她这样。关键原因还在于不能接纳自己。换个思维：只看到自己拥有的一切，不去纠结自己没有的、没做到的，就可以摆脱自我为难的泥潭。

第四章

瞄准目标，将主要的精力集中其上

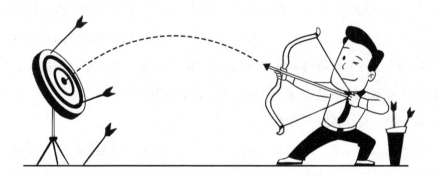

设立有效目标的SMART原则

有人说："走得最慢的人，只要他不丧失目标，也比漫无目的地徘徊的人走得快。"这句话道出了"目标"的重要性。

什么是目标呢？目标本意指的是射击、攻击或寻求的对象，后来被引申为想要达到的境地或标准。目标是个人、部门或者整个组织所期望的结果。人是要有目标的，拥有了人生目标，就有了明确的奔跑方向、生生不息的动力、披荆斩棘的勇气和抵制诱惑的毅力。在工作和学习中如果没有目标，就不可能成就事业，完成学业；在生活中如果没有目标，就会随波逐流，做一天和尚撞一天钟。

如果方向不对，即使再努力、再辛苦，你也很难成为你想成为的那种人。有这样一个故事：水从高原由西向东流着，渤海中的一条鱼逆流而行，凭借它精湛的游技，冲过浅滩、越过激流，穿过重重渔网，躲过水鸟的追逐，逆行通过著名的壶口瀑布，穿过水流湍急的峡谷、挤过石缝，游上高原。然而，它还没来得及发出一声欢呼就瞬间被冻成了冰。若干年后，一群登山者在冰块中发现了它，它还保持着游泳的姿态。有人认出，它就是那条渤海中的鱼。年轻人感叹它逆流而上的勇敢与勇气，而一位老年人却为之叹息："它只有伟大的精神，却没有伟大的方向，最后只有死亡。"由此可见，有目标固然重要，目标清晰、明确、正确更重要。

如今的时代注重的是绩效，企业需要的是有能力且与企业发展方向和目标保持一致的人，而不是只顾埋头拉车不知抬头看路，甚至南辕北辙的人。当你有了明确的方向和目标之后，就会发现人生道路其实是那么清晰明了。

1953年，某大学进行了一项关于目标对人生结果影响的跟踪调查。对象是一群在智力、学历、环境等各方面条件相似的人。调查发现，这些人中，27%的人没有目标，60%的人有较模糊的目标，10%的人有清晰而短期的目标，只有3%的人有清晰而长期的目标。25年的跟踪结果显示：那3%的人在25年间始终未曾更改过目标，他们朝着目标不懈努力，25年后几乎都成了社会各界的顶尖人士；那10%的人生活在社会的中上层，短期的目标不断地被达成，生活状态稳步上升；那60%的人几乎都生活在社会的中下层，他们能够安稳地生活与工作，但似乎都没有特别的成就；那27%的人几乎都生活在社会的最底层，25年来生活过得不如意，常常失业，依靠社会救济生活，并常常抱怨他人、抱怨社会。由此可见，目标对人生有巨大的导向性作用。

人们在工作和学习的过程中一定要设立明确的目标。当你有了一个清晰的目标时，你就会变得更加专注。只要这件事情是你想做的，你肯定会想尽一切办法去完成它，这就是目标的力量。在设立目标时，可以依据SMART原则。

这个原则在1954年提出，既实际又便于实施。SMART实际上是5个英文单词的首字母缩写，代表5个不同的含义。

S：是英文单词specific（具体的）的首字母，代表目标是具体的。

M：是英文单词measurable（可衡量的）的首字母，代表目标一定要可量化，可以看得见，以便衡量你的目标是达成了还是没有达成。

A：是英文单词attainable（可实现的）的首字母，表示目标一定要现实可行，既不能定得太高而难以实现，也不能定得太低而失去挑战性。

R：是英文单词relevant（相关的）的首字母，表示制订出的行动计划要与目标相关。

T：是英文单词time-bound（有时间限制的）的首字母，表示确定目标之后一定要设定一个完成的时间限制。

下面，列举一个运用SMART原则设立目标的具体例子。比如，对健康管理比较感兴趣的小云给自己定了一个目标，就是利用一年的时间好好看书学习，争取考试过关，成为一名合格的健康管理师。

S：小云在一年内通过考试，成为一名合格的健康管理师，这是一个非常具体的目标。为了实现这个目标，她将其分解成几个小目标，比如看完基础知识书和实践操作书。注意，不要只是笼统地说想做什么事情，而是要具体列出做哪些事情。既要有大目标，又要有小目标。光说想考试，不看书、不做练习是没有用的。

M：完成目标的衡量方式就是看完一个章节后，完成相应的章节练习，并且练习的正确率要达到90%以上。最起码要把两本书看两三遍，完成24套以上的模拟习题、历年真题以及冲刺习题等练习。注意，可以通过具体的数字来衡量，比如这里的90%以上、两三遍、24套以上等。如果不够具体，就没有太大的动力。就像说要减肥时，一定要说出在多长时间内减掉多少斤。如果是通过跑步，每天要跑多少公里；如果做仰卧起坐，每天要做多少个等，都要很具体地说出来。

A：目标必须是可实现的。首先要弄清楚每本书共有多少章，每一章共有多少节，每一节各有多少页，确定每天至少要看多少页书。要提前制订好严格的计划，并预留时间用于第2遍、第3遍的阅读。根据自己每天的时间，限定每天的阅读页数。不能贪多，贪多则看不完，就会失去兴趣；也不能太少，太少就无法实现多次阅读的目标。

R：制订的计划要与目标相关。例如，小云在制订看书计划时，还找到了相关视频，听老师讲解习题，并自己做章节练习。通过看书、听讲解和练习，达到巩固每一章节的目的。

T：以时间为尺度。由于这是小云利用业余时间充实自己，肯定不能耽误正常的上班时间。于是，小云规定自己每天早上6点起床，6点半开始看书，看到7点半去上班。中午吃过饭也给自己预留半个小时的看书时间。晚上时间相对灵活一些，视自己所定的章节计划来决定，但不少于2个小时。

有了非常具体的计划，再加上小云严格执行，虽然每天工作很忙，但她还是顺利地以高分通过了健康管理师考试，实现了成为一名合格健康管理师的目标。

通过上面小云看书考试的具体例子，相信大家对SMART原则应该有一个初步的了解。只要大家能够利用这个原则设定目标，制订详细周密的计划，并严格执行，肯定能顺利实现自我突破。

运用SWOT分析法，找准你的"坐标"

随着"互联网+"时代的到来，复合型和创新型人才正成为各大用人单位的新宠。如果不能客观分析自己，不能找准自己的定位，势必会被时代淘汰。SWOT分析法是一个很好地找准个人"坐标"的工具。

SWOT是4个英文单词的首字母缩写。S代表strength（优势），即相较于他人，自己的优点和长处；W代表weakness（劣势），即相较于他人，自己存在的不足；O代表opportunity（机会），即外部环境中能找到的机会和有利因素；T代表threat（威胁），即外部环境中存在的不利因素和挑战。

企业常使用这一工具来扫描、分析整个行业和市场，获取相关的内外部资讯，为高层提供决策依据。对个人来说，它的作用也很大。个人SWOT分析常用于检查个人的技术、能力、职业喜好和职业机会，常常会在描绘职业生涯规划、撰写求职简历、准备竞聘述职报告、书写工作总结时用到。

个人使用SWOT分析法能有效评估自身的内部资源和外部机会，以及存在的弱点、威胁和挑战。将这些分析列举出来后，按照矩阵形式排列，然后系统地将各种因素相互匹配进行分析，从而得出结论。实践证明，这是一种非常实用且客观的自我分析和精准定位的方法。在使用时，要注意从4个方面进行深入分析。

要分析自己的优势和劣势，可以从以下几个方面入手：所掌握的知识技能、个人脾气性格是否适合在某个领域发展，人际关系状况、沟通能力是否良好，是否具备某方面的特殊才能，对某个领域的发展是否有经验，是否具备该行业的准入资格（如职业资格证书等）。通过这些方面，认清个人最大的优势和劣势。分析优势是为了发现适合自己的工作，从而更加游刃有余；分析劣势是为了扬长避短，避免从事自己不擅长的工作，并努力弥补自身的不足。

找出职业的机会和威胁，需要从外部环境加以考虑。对自己发展有利的是机会，不利的就是威胁。既可以从政治环境、经济环境、社会环境这些大环境中寻找，也可以从个人所处工作领域的小环境中寻找。行业中有哪些机会适合自己，该行业是否具有潜力，是否存在创新和突破的可能性，工作中是否有竞争对手，对手的优势和劣势是什么，行业对个人有什么新的要求等，都需要加以分析。

当然，还可以将个人优势与外界机会组合，优势与威胁组合，劣势与机会组合，劣势与威胁组合，分析每一种组合的利与弊，最终得出适合自己的职业目标。

以下是即将大学毕业的林同学为了找到理想的职业，自己做的简单的SWOT分析。

林某，男，2021年6月毕业于某师范大学数学教育专业，求职目标：中学数学教师。

内部优势：（1）师范专业毕业，考取了教师资格证。热爱学习，喜欢新鲜事物，普通话二级甲等，语言表达能力较强，思路清晰，解题能力强，板书工整、书法功底好，具有较强的亲和力。

（2）在校期间被评为优秀共产党员、优秀学生会干部，并在奥数比赛中获奖。

（3）教学基本功扎实，有支教经历和实习经历，期间表现良好，受到支教单位和实习单位领导好评，深受孩子们的喜爱。

劣势：（1）教学经验不足，对教材不熟悉，把握不太到位。有时知道题目怎么解，但无法清楚地表达，不知道该如何让学生理解。

（2）在学生管理方面能力欠缺，不太了解学生的生理、心理特点，对学情不太了解，不善于做学生的思想工作，需要向老班主任们多多请教。

（3）个人性格有些急躁，为人处世比较容易激动，性格过于外向，有时控制不住自己的情绪，不太能够顾全大局。

外部机遇：（1）在尊师重教的大环境下，教师越来越受尊重，待遇越来越高。

（2）获得知识和技能的渠道越来越多，学习的机会也越来越多，很多学校都需要具备专业知识、技能的优秀教师，社会为个人提供的施展才华的舞台越来越大。

危机：（1）职业竞争越来越激烈，职业压力越来越大，内卷严重。

（2）社会、家长、学校对新老师的要求越来越高。从学校学到的知识远远不够，需要学习的东西越来越多。

（3）学生的心理问题越来越多，越来越复杂，因此，除了要具备扎实的本学科知识之外，还需要学习和了解更多的心理学知识。

（4）对于处理与同事之间的关系、上下级关系，以及与学生、家长友好相处等，都需要学习大量相关知识。

通过SWOT分析，林同学对自己有了一个比较全面的认识，对自身的现状和未来的前景有了比较好的评估和预判。在找工作的时候，不再像一开始那样一头雾水、妄自菲薄，而是更加游刃有余。

掌握了SWOT分析工具，相信分析者既能够认清自己的长处与短处，扬长避短，发挥出最大的优势，又能够在复杂的外部形势下找到适合自己的机遇，迎接挑战，实现自己的目标与人生价值。如果企业常常利用SWOT分析工具，也能够分析并找到单位的发展机遇，在纷繁的竞争大潮中立于不败之地。

建立你的"目标金字塔"

埃及有句谚语：能登上金字塔的只有雄鹰和蜗牛。雄鹰先天条件优越，蜗牛则完全依靠自己的实干，一步一步慢慢往上爬。如果你想要拉开与他人的差距，就需要具备登上金字塔塔顶的目标，以及像蜗牛一样坚持不懈地一步一步往上爬的顽强毅力。目标和坚持都很重要。目标就像一座高高的金字塔，如果将金字塔分为5个层级，塔尖是总体目标，依次往下是长期目标、中期目标、短期目标，最底层是小目标。

总体目标：一般情况下，人们会将实现自我价值作为总体目标，并视其为终极目标。

长期目标：一般来说，是指自己计划用10年时间来完成的事情。

中期目标：这是为了实现长期目标而设定的较为具体、能够看到成效的目标，通常设定在5～10年内实现。

短期目标：这是为了实现中期目标而设定的，时间跨度一般为1～5年。

小目标：也就是日常规划，是为了实现短期目标而制订的，通常会具体到每月、每周甚至每天。

每个人的想法不同，目标金字塔的划分也会有所不同。一般来说，目标金字塔分为5层，有些人则将其进一步细化为6层，增加了最后一层：微型目标，即15分钟至1小时内可以完成的目标。这样划分的好处在于能够切实掌控目标的实现过程。不积跬步，无以至千里；不积小流，无以成江海。从实现这些微型目标开始，逐层逐级地实现更高层次的目标，最终达成终极目标。

时间管理的第一步是要有长远的时间观，要能够看到自己5年、10年后的样子。所以，中期和长期的目标时限分别设定为5年和10年。当然，时代在变，10年之后会是什么样子谁也不知道，因此设定长期目标的时候也不要太长。10年就差不多了，先把这10年做好，之后再重新设立更远的目标。

常言道：无志之人常立志，有志之人立长志。很多人年年立志，年年给自己定目标，却总是实现不了，究其原因是没有把大目标分解成一个个小目标、微型目标。试想一下，如果一个人设立的目标是10年内看完120本书，这个目标看着不大，但是如果不把目标分解，而是想看时就看看，不想看时就忘了，恐怕连这个看起来很简单的任务也很难完成。但是，利用目标金字塔就不同了。总体目标是提升自己的价值，可以有很多种方式，最后决定通过看书学习这种方式进行。因此，可以把10年内看完120本书作为长期目标。那么，分解下去，5年内看完60本就是中期目标，再分解，1年内看完12本书就是短期目标。要实现这个短期目标，就要再分解，每个月看完1本书就成了小目标。为了实现每个月看完1本书的目标，可以细分到每周、每天花多长时间，最起码看多少页等。在这样细分之后，只需要每天按照细分好的计划严格执行就可以了。

把经过层层分解的目标金字塔以文字的形式整理记录下来，放在显眼的位置，便于时刻提醒自己。为了有效地完成目标任务，不妨给自己画个时间表、任务表，可以精确到每一天。今天的任务完成了，就打个钩；如果没有完成，就加班熬夜争取完成。当然，如果遇到不可抗拒的因素，实在无法完成时，也可以注明理由并安排到第二天，但第二天必须既完成当天的任务，又补上前一天的任务。如果还有困难，也可以把之前未完成的任务分解到后面几天中去完成。尽量做到"今日事，今日毕"，不拖延。有时，当人们看到具体的任务表时，为了达到100%的完成率，也会更加努力。

目标金字塔确定好之后，最重要的还是要坚持完成。就像蜗牛一样，不怕爬得慢，只要始终坚持不懈地朝着最终目标努力前进就可以了。为此，一定要克服拖延的毛病，利用各种方法激励自己前进。

心理学上有个"目标适度定律"，说的是"跳一跳，够得着"的目标最有吸引力。因为够得着的目标让人充满向往与期待，更容易实现。人们为此会更有热情，更有信心，也更愿意去努力。日本著名马拉松运动员山田本一有一个成功的秘诀，他把获得世界冠军定为大目标，然后将其分解成容易实现的小目标逐步实现，最终取得了一次次的比赛胜利。他这样写道："每次比赛之前，我都要乘车把比赛的路线仔细地看一遍，并把沿途比较醒目的目标画下来：比如第1个标志是银行，第2个标志是一棵大树，第3个标志是一座红房子……这样一直画到赛程的终点。比赛开始后，我就以适当的速度向第1个目标跑去；等到达第1个目标后，我又以同样的速度向第2个目标跑去。40多公里的赛程，就被我分解成这么几个小目标轻松地跑完了。起初我并不懂这样的道理，我把我的目标定在40多公里外终点线上那面旗子上，结果我跑到十几公里时就疲惫不堪了，我被前面那段遥远的路程吓倒了。"正如他自己所说，如果不把大目标分解成一个个可行的小目标，恐怕早被大目标吓住了。人们把目标分解后，当相对轻松愉快地完成了一个个小目标、微型目标时，自然对自己是一种激励，而这种激励又会让人们树立信心，更加专注地迎接更大的挑战。

所以，建立好你的目标金字塔，从最小目标开始出发，一层一层努力去实现。相信每一位朋友，只要愿意坚持并能够坚持，就能到达成功的彼岸。

地点、时间、内容……目标要尽量详细

有人说：如果我们知道自己目前身处何地，并且事先知道自己将去往何处，我们就可以更明确地判断该做哪些工作，以及如何着手。设定目标就像是绘制一张生命蓝图，图上的每一处细节都要仔细揣摩、规划，什么时间、什么地点、具体有哪些内容……这样你就可以对自己实现目标的过程、路径和方法做到清楚明了，了然于胸。

前面的章节讲到设立目标的SMART原则中的S，是英文单词specific（具体的）的首字母，代表这个目标是具体的。这里的具体，指的是要尽量详细，包括在什么时间、什么地点，实现什么具体的目标，具体到有一个明确的可量化的点，当时可能存在什么样的环境，有哪些人共同参与，可能出现的各种突发情况等，考虑得越详尽越好。比如，奥运冠军都会给自己定下详细的目标，在哪一场比赛中获得什么样的成绩。再如，学生在给自己设定期中或期末目标时也会设定好哪一门功课具体要得到多少分，如果试卷较难，则达到什么标准；如果试卷过于简单，则达到什么成绩等。把目标详尽地考虑周全之后，才可能心无旁骛地专注于目标，否则，变数太多，不确定的因素太多，目标越模糊，就可能导致目标越难以实现。

《礼记·中庸》中有一句话："凡事预则立，不预则废。"讲的就是无论做什么事情，事先都要考虑清楚，做好准备，打有准备的仗才能胜利。

目标如果不清晰，就像是茫茫大海上的灯塔被大雾遮住了，海上航行的舵手失去了灯塔的指引，必定会迷航。正如前面所说，即使你设立了目标金字塔，那么金字塔的每一层长期、中期、短期、小的、微型的目标都需要将细节描绘出来，越详细越好。只有描绘得越详细，才能越贴近现实，才可以促使你深入思考一些平时想不到的地方，同时思考实现目标的过程中可能出现的各种变量。

在美国有这样一个故事：1952年7月的一天清晨，加利福尼亚海岸下起了浓雾。在海岸以西30多千米的一座岛上，一位女士准备从太平洋游向加州海岸。雾很大，海水冻得她身体发麻，几乎看不到护送她的船。15个小时之后，她又累又冷，无法继续游泳，叫人拉她上船。母亲和教练在另一条船上，告诉她离海岸很近了，劝她不要放弃，但她朝加州海岸望去，除了浓雾什么也看不到……人们拉她上船的地点，离加州海岸不到1千米！后来她说，令她半途而废的不是疲劳，也不是寒冷，而是因为她在浓雾中看不到目标。如果她事先考虑到可能会出现的特殊情况，了解气象信息，做好应对准备，就可能不会出现这样的事情。如果她清楚地知道自己游到了何处，离目标还有多远，自己是否还有精力等，在事先都做好充分的估计，就不会出现这样的遗憾了。她的目标本身并没有错，但是不够详尽，事先没有规划清楚是关键。

可见，设立详尽的目标是多么重要！在日常生活中，这样的事情屡见不鲜。

比如，你给自己设定了减肥目标，要让自己瘦下来。这个目标不够具体，也不够详尽。真正明确详细的目标应该包括以下内容：多长时间内瘦到多少斤，通过哪些方式瘦下来，具体做哪些运动，吃哪些食物，做多少，吃多少，每项活动具体花多长时间等。所有这些都需要有详细的计划。可以把它们具体地写下来，并在脑海里多次演练。还可以把自己瘦下来的样子想象出来，最好也详尽地描述出来，写或画在纸上，最终把这个详细场景刻在脑海里，把具体操作的过程熟练地在脑海里播放。然后把目标贴在自己随时可见的地方，可以放在门口、床头、书桌上等，确保时时刻刻都能看到。

心理学上有一种说法：任何事情都有3种以上的解决办法。因此，在设定目标和实现目标的过程中，要同时考虑成功的情景和路上的障碍，多想几种解决问题的方案，这样才不会因为盲目乐观而低估成功路上的艰辛，也不会因为缺乏详尽的目标而方向模糊。

目标的难度应该是"困难但可以实现"

前面我们已经了解了设立目标的重要性，并讨论了目标金字塔。那么，究竟应该给自己设立一个什么难度的目标呢？关于这个问题，不同的人有不同的看法。有人认为目标越难越好，越大越好，越高越好，比如"我要当美国总统""我要成为世界首富""我要统治宇宙"……但是事实证明，并不是每个人都能成为美国总统、成为世界首富，也不是每个人都能统治宇宙。如果一开始设立的目标过于宏大，则无异于空中楼阁，基本上是不可能完成的任务。如果设立的目标本身就是错误的，那么付出的所有努力都将是徒劳。有些人设立的目标很低，难度不大，不需要怎么努力就能实现。这也是不可取的，因为这样的目标设立与没设立没有什么区别。因此，设立目标一定要恰当、适中。

在设立目标的过程中，要注意目标的设定可以有难度，但一定要适中，即"困难但可以实现"的程度，让人看到希望，愿意为实现这个目标而付出努力。有一个很形象的比喻就是"跳一跳摘果子"：实现这个目标就好比在树上摘果子，如果触手可及，则没有继续采摘的动力。如果需要跳一跳才能摘到，恰好能激发采摘人的斗志。如果果子过高，人们耗尽心力都无法摘下，相信没有人愿意继续做这个无用功。有时目标设立过多，也会增加目标的难度，往往让人难以坚持，最终导致目标难以实现。

从专注力的角度来看，确实应该设立"困难但可以实现"的目标。当目标太简单时，有些人会觉得很容易完成，不需要投入更多的专注力。例如，很多孩子在做比较简单的试卷时，往往会觉得太过简单，不屑于投入过多的精力，因此马马虎虎地做，结果因为粗心而失分很多。有些家长给孩子布置的任务太过简单，孩子根本不想去做。有些家长则相反，总喜欢人为地给孩子制造难度，即所谓的"挫折教育"，但殊不知目标太难，会让人感觉即便专注地去做也做不好，产生畏难情绪，最终干脆放弃。

所以，有学者说，成功概率为六成的目标最为理想，我深以为然。有人给自己设立的减肥目标是一个月内瘦2斤，这个目标的成功率可能达到95%以上，因为只要少吃一点就很容易实现，没有挑战性。下一次他会觉得只要稍微少吃一点就能瘦下来，因而肆无忌惮地多吃。这样的目标设定没有实际意义，甚至可能适得其反，导致增肥。很多人因为目标设定得太简单，在实现目标后就不愿意继续努力。如果他给自己设定的目标是一个月内瘦100斤（假设他的基础体重是260斤），这也是非常困难的，需要付出极大的努力，而且时间太短，一般人很难实现，因此他很可能会自动放弃。

所以，在设定目标之前，一定要进行充分思考。这个目标对自己意味着什么？实现之后能带来哪些好处？这些好处是自己想要的吗？自己能否实现这个目标？目标是简单的，还是非常复杂以至于根本无法实现的，抑或是需要挑战一下自己才能实现的？深思熟虑之后，再去选择适合自己的、实现起来"困难但可以实现"的目标。当然，还要考虑在实现这个目标的过程中会遇到哪些困难。例如，自己的经验是否丰富，时间是否充足，方法是否科学合理等。同样要想好如何克服所遇到的困难，是否需要找有经验的人来帮助自己，是否需要挤出看电视、刷视频的时间等。如果在完成这个目标的过程中还需要其他的知识储备，那还要事先制订学习计划。如果所需的知识储备实在满足不了，那这个目标对你来说就是无法实现的目标，一开始就该放弃。

目标细分，逐个完成任务

现代人见面问的第一句话，往往是"最近在忙什么？"可见，大家真的很忙，忙着工作、学习、带孩子、做家务、刷剧、刷朋友圈……不仅自己有忙不完的事，当看到别人在忙其他事情时还学着别人忙……整天忙忙碌碌，白天没忙完，晚上还要加班。然而，真的需要这样忙忙碌碌吗？这期间又有多少时间是被浪费掉了呢？事实上，有很多忙其实是低效的，根本无法取得预期效果。

为什么会这么忙？主要原因是没有明确的目标，只是在瞎忙。一个人的一生，就是不断确定目标并不断实现目标的过程。比如，作为学生要确定学习目标，作为职场人要确定升职加薪的目标，为了更好地生活，还要确定锻炼身体的目标，提升自我修养的目标，以及攒够多少钱买多大房子的目标。这些目标的实现可能是独立的，也可能会有重叠，甚至在实现的过程中还会遇到许多预料之外的突发事件。那么，如何规划这些目标呢？

任何一个大目标，如果贸然行动，都会觉得有些困难，甚至会被吓到。但是，如果将目标层层细分，由简到繁、由易到难，就没有那么可怕了。细分目标的好处在于既能切实地完成任务，又能在完成任务之后体验到成功的喜悦。

在细分目标时，要将目标逐层展开，逐步实施。可以通过画图的方式，将大目标画成树干，粗一点的树枝就代表分解出来的下一层目标，再从每一根粗树枝上分出小枝，这些小枝就是再下一层的目标。当然，小枝末端长出的叶子就可以作为最底层、可以直接实现的最小目标。这里的目标分为几层，由目标执行人来确定，有的人只分为2层，有人可能要分为3层、4层甚至更多层。无论分为几层，最底层一定是最容易完成的具体任务。

对于每一层的目标，都要考虑实现这些目标的充分和必要条件。需要在什么时间、什么地点，与哪些人做哪些事，以及如何具体操作，这些因素都要事先规划好。尤其是最底层那个最容易完成的具体任务，更要具体细致且清晰明了。

以10年期限为例，如果你希望在10年内实现一个大目标，这个大目标可以比作树干；5年内必须实现的目标就是树干上分出的粗一级分枝；一年内要实现的目标则是一级分枝上长出的二级分枝；每个月要实现的目标就是二级分枝上长出的三级分枝。当然，还可以有更小的分枝，直到树的末端，代表每周甚至每天要完成的任务。

反过来，每天按照细分的目标，找到自己该做的任务，7天下来就可以实现周目标，4周下来就可以实现月目标，12个月下来也就实现了年目标。从最容易做起的小任务着手，步步为营，稳扎稳打，这样循序渐进，5年后、10年后，自然那个长期目标就实现了。荀子的《劝学》中有"不积跬步，无以至千里；不积小流，无以成江海"，说的就是这个道理。大目标看着很大，但分解下来，就变成了每一步、每一滴水……这些小任务还是相对容易完成的。

当然，如果只是以天为单位来设定截止日期，往往容易让很多任务拖延到当天最后一刻才完成。因此，有些时候我们还需要为每个任务设定一个具体明确的时间段，而不是一个模糊的时间范围。比如，具体到几点到几点做什么事情，还要具体到哪个环节做什么、怎么做等。可以说，目标

细分本质上就是让我们知道要达成目标究竟需要做哪些事情的过程。

有时候，通过目标分解，还可以判断出大目标是否可行，从而适时调整目标。所以说，目标不是凭空想象出来的，而是需要依靠一个个可完成的小任务来确立的。如果这些小任务都没有完成的可操作性，那么大目标自然也无法实现。

还要注意，目标定下来并且细分之后，并不是一成不变的。有的时候还需要根据实际情况及时调整思路。细分的任务是基础，在此基础上加以改进，则会使目标的实现更加完美。

当一个人完成了一个个小任务时，如果每次都能及时地获得激励，无论是来自自己还是他人的奖励，都会极大地增强他挑战大目标的决心和信心。

准备"待办清单"，一张只写一件事

很多人喜欢列待办清单，并在清单上列出许多当天需要做的事情。然而，一天下来，他们发现清单上的事情没有完成，甚至有的人一件也没有做到。这是为什么呢？因为这种人可能有这样的心理：我列出来了，一步一步慢慢做就行了。还有的人看着列出的这么多事情，这件需要办，那件也需要办，不知道该办哪一件才好，结果每件事都办得虎头蛇尾，或者干脆一件事也没办。

其实，要解决这个问题，最好的办法就是只准备一张待办清单，而且清单上只写一件事。因此，这件事的选择就显得尤为重要。确切地说，一定要选择这一天自己最想办的、一定要完成的事情。如果将其放在网络计划图中，就是关键路径上对整个项目进度具有实质性影响的关键工作。选择哪项工作，取决于它的优先级别和期限，即重要性与紧急程度。

有学者提出了一个时间管理的理论，将工作按照重要和紧急2个不同的维度进行了划分，基本上可以分为4个"象限"：既重要又紧急，重要但不紧急，既不重要也不紧急，不重要但紧急。

重要且紧急的事，指的是影响大且迫切的问题，比如限期完成的会议或工作、一些突发重大事件等。如果急需住院做手术，这肯定也是影响大且迫切需要完成的。重要但不紧急的事指的是一些主要与生活品质相关的计划、准备工作、预防措施、建立人际关系、增强自身能力的学习等。既不重要也不紧急的事情泛指那些浪费时间、逃避性的事情，比如玩游戏、看电视、办公室闲聊、处理一些广告信函等忙碌而琐碎的事。不重要但紧急的事，指的是很多迫在眉睫的急事、造成干扰的事情，如电话、信件、报告等。

如果用网络计划图来表达，则更有利于理解。就是从起始到结束将所有工作制订成网络计划图，先找出关键线路上的关键工作，这些是既重要又紧急的工作。非关键线路上的非关键工作，则是4个象限中的后3种工作。非关键线路上的工作同样是整个项目不可或缺的组成部分，只是重要程度和实施的先后顺序不同。如果能将所有工作制订出网络计划图，并严格按图实施，工作将事半功倍。

处理的原则是：首先处理既重要又紧急的事项，其次是重要但不紧急的事项，然后是不重要但紧急的事项，最后才是既不重要也不紧急的事项。对于既重要又紧急的事情，需要立即去做。但是，如果你总是有很多这样的事要做，说明你的时间管理存在问题，需要设法减少它们。对于重要但不紧急的事情，应该有计划地进行，并尽可能多地花时间在这些事情上。对于不重要但紧急的事情，可以授权他人去做。对于既不重要也不紧急的事情，要尽量少做。

很多人认为，应该把既重要又紧急的事情列入待办清单，其实不然，真正该被列入的应该是重要但不紧急的事情，因为这类事情才是最值得投入精力的。因为它们是最有可能做好的事（时间充裕），而且一旦在开始就把这类事安排好了，它们就不会发展成既重要又紧急的事情。要把精力主要放在重要但不紧急的事务处理上，需要很好地安排时间。一个比较好的方法是建立预约。建立了预约，自己的时间就不会被别人随意占据，就能更有效地开展工作。当然，一些既重要又紧急的突发事件也还是应该优先及时处理，但是当你把突发事件处理完之后，还需要立刻回到自己的待办清单上。

有了这个明确的只写一件事的待办清单，就有了明确的方向，不会为琐事而烦恼，也不会顾此失彼，觉得整天忙忙碌碌却无所作为。为了让自己的待办清单更明确、更容易记住，可以在前一天晚上就列好，并在旁边写上列此清单的理由。有时候，光记在脑子里是不够的，把它落实到纸面上形成文字，可以让目标更加具体。因为在脑子里容易忘掉，而写在纸面上形成文字更容易记住。

记住，使用待办清单的目的并不是让你完成所有工作，而是让你确保把有限的时间和精力专注于关键工作。

定好起点，专注于你的第一个目标

先定好起点，专注于你的第一个目标是成功的第一步。不要总想着同时实现多个目标，先专注地实现第一个目标，比什么都重要。

起点指开始的地方或时间，亦可特指径赛中起跑的地点。

如何确定起点？你的第一个目标就是你成功的起点。按照之前的SMART原则，找到一个"困难但可以实现"的目标之后，再将其细分，分解成最容易完成的任务，也就是最小的目标。然后开始行动，专注地去做。

起点很重要

有人往往在迈出第一步之前会犹豫不决，左思右想，不会立刻行动起来，总是说"马上去做""待会儿就做"。这里的"马上""待会儿"其实是一个模糊的概念，可能是一分钟，也可能是十分钟，甚至是一小时、半天、几天。不要把斗志与专注力寄托在自己软弱的意志力上，寄托在现实的行动上更可靠。此时此刻，立刻着手，先行动起来再说，先把要完成这件事的准备工作做起来。比如，你给自己今天布置的是看书的任务，那么先坐在书桌前，打开书本，看第一个字，这就是一个好的起点。如果没有这个起点，你就永远不会起步，那么，再宏伟的目标也很难实现。做任何工作，都要先起好头，就好像跑步比赛，如果一开始起跑没发挥好，后面赶超就比较困难。不如先在起点处大举推进，之后即使遇到紧急状况也能留出处理和应对的宽裕时间。《100个工作基本》的作者提出：一项工作能否顺利推行，八成在初期就决定了。

喜欢文学的朋友，很多人都希望自己能写一本书，但你的书能成为畅销书吗？还有人想在未来3年或5年内挣到更多的钱，以从事自己喜欢的事情，比如开个美甲店、书吧或时装店等，这些愿望能实现吗？要想知道答案，只有一个办法：给自己选定好起点，立刻着手写书，马上开始做生意，然后看看会发生什么。

起点要准确

方向不对，一切都是徒劳，甚至南辕北辙。在行动之前，一定要想清楚自己想要的是什么。想清楚之后再确定目标，不要想着一下子实现你的大目标，路是一步一步慢慢走出来的。只要坚持，就可以达到。

比如，许多成功戒烟的人士在开始戒烟前会先做好准备工作：了解尼古丁依赖的原理、戒断反应和戒烟的好处等。了解这些信息并做好心理准备后，他们通常会选择在一个相对轻松、心情愉悦的时间段开始戒烟。也有人会选择在感冒咳嗽或生病住院等不宜吸烟的时机，因为此时身体抵抗力较弱，容易遵照医嘱选择戒烟。这种环境和时机更有利于你迈出戒烟征程的第一步。

反之，如果没有做好充分的心理准备，方式不当，盲目行动，很难坚持下来，很容易失败。当然，如果某段时间正处于工作繁忙、麻烦缠身、心情烦躁的状态，不但不利于戒烟，而且会因为焦虑紧张，导致吸烟数量增加，因此不能选择这样的起点。

找准起点，专注更重要

曾经在一本书上看过这样的故事：一望无际的非洲草原上，一群羚羊自由自在地嬉戏。突然，一只非洲豹向羊群扑去，羚羊受到惊吓，开始拼命地四处奔逃。非洲豹死死盯住一只老弱的羚羊，穷追不舍。在追捕的过程中，非洲豹掠过了一些站在旁边惊恐观望的羚羊。对于这些其实离得很近的羚羊，非洲豹却像没有看见一样，一次又一次地放过它们。终于，那只老弱的羚羊被凶悍的非洲豹扑倒了，挣扎着倒在血泊之中。非洲豹为什么不放弃先前那只羚羊而去追其他离它更近的羚羊呢？这个故事很形象地诠释了对目标专注的重要性。原来，非洲豹以爆发力强而著称，它并不擅长长时间快速奔跑。如果它中途不停地变换目标去追赶当时距离较近的其他羚羊，势必会分散精力，跑不过其他精力充沛的羚羊。所以，聪明的它只专注于那只被追累了的羚羊而获得了成功。我们人类也是一样，要想成就事业，就得学学那只非洲豹，专注于自己的目标，不为其他外物所诱惑，坚持不懈，最终到达成功的彼岸。

设置截止期限，给自己一些紧迫感

时间，在不同人的眼里感觉是不一样的。有些人分秒必争，惜时如金；有些人却觉得一辈子很长，事情慢慢做，总能来得及。有些人给自己定了很多目标，但在行动的过程中，因为没有为这些目标设置截止期限，在某个时刻突然遇到了一些特殊状况，不得不停下来，并且安慰自己说："等一等，时间还来得及！"于是将定好的目标搁置一旁，一拖再拖。有句话说"我们真的不知道明天和意外哪一个会先到"，还没等再去做，可能就错过了。因此，不限定截止期限的目标，实现起来必然会大打折扣。

因此，一定要给自己的目标设置截止期限。人并不是天生勤奋的，不设定截止期限，就会让人陷入"明日复明日，明日何其多；我生待明日，万事成蹉跎"的境地。设置截止期限是一个人自律的表现，因为即使在没有别人催促的情况下，他也知道自己究竟想要什么，并且愿意为实现这个目标而努力。有了截止期限，就知道在那个时间点之前必须完成，这样个体就会有紧迫感，而这种紧迫感就会督促个体抓紧时间，立刻行动起来。尤其对于难度稍大的任务，如果缺乏这种紧迫感，就会优哉游哉，不急不慢，并不急着开始。即使开始做了，也会在过程中受到各种干扰，很难静下心来，以至于最终使任务流产。而设置了截止期限，就让人有了时间压力，也就有了行动的动力！

目标设定的SMART原则中的T代表time-bound（有时间限制的），指的是为将要实现的目标设立一个截止期限。设置截止期限时要注意以下几点。

设置期限要和工作内容、工作量相匹配

设置期限的目的是避免拖延。在设置期限之前，要先思考一下自己正常的工作进度，不能超过自己的正常进度，否则即使紧赶慢赶也做不到。也就是说，设置的期限长短要与任务的工作内容和工作量相匹配，不能盲目设置。设置时还有一个点可以考虑，就是适当提前一些，时限适当缩短，比如，本来一小时能完成的任务，设置为55分钟内完成；本来半小时能完成的事，设置为25分钟内完成。这样可以锻炼自己，让自己在有些焦虑感的情况下，身体分泌肾上腺素，使大脑保持专注状态，尽量提前完成任务，从而避免拖延。

激活消极专注力来设置截止期限

在设定期限时，可以找一个合作伙伴或监督者。如果别人能在那个期限内完成而自己做不完，由于害怕丢脸和被监督者批评，就会像之前章节提到的那样，利用危机感和恐惧感，激发自己的消极专注力，从而实现目标。

要有必要的奖惩措施

设置截止期限时，可以为自己制定必要的奖惩措施。在规定期限内完成任务后，奖励自己；如果未能完成，则惩罚自己。这会是一个较好的选择。

时限设置要具体

截止期限的设置最好以"日""时""分"来设定，这样更具体，也更明确，有助于大家思考和规划哪件事是最重要的，以及在众多任务中究竟该先做哪一项。

设置截止期限要有主动和被动之分

例如，当你需要提交一篇论文时，主办方通常会设定一个截止日期，这属于被动的要求。然而，如果你能够根据自己的实际情况，在此基础上重新设定一个或多个截止日期，这就属于主动行为。当人们被动地去做某件事情时，往往会感到不情愿，甚至可能不愿意继续下去。而如果将这项任务变成自己主动设定的目标，就会变成一种发自内心的、自愿的行动，这样更能提升个体的专注力和工作效率。

举一个在一个月内减重4公斤的例子，来看看设立截止日期的重要性。

（1）"一个月"这个期限比较合理。设定这个目标期限，执行起来既有一定难度和挑战性，也能够通过努力坚持得以实现。如果将减重4公斤的目标放到几天内完成，就显得不现实；而如果放到几年内完成，又有点浪费时间。

（2）让这个目标成为主动行为。为了实现这个目标，可以主动制订一个计划，设定目标期限。例如，每周进行中等强度运动5次，每次至少50分钟，目标是每周减轻1公斤。

（3）配合辅助措施。可以找个志同道合的朋友共同参与，相互监督提醒。每完成一个阶段性目标，可以给自己一个奖励，也可以是相互奖励。

（4）实行动态监控。如果你所做的事情确实带来了预期的成效，比如你的体重确实每周减少了1公斤，那么就坚持下去，直至目标实现。否则，你就要分析和查找出现偏差的原因，并及时采取措施调整，如增加运动次数、增加运动时长、节食、限酒、少吃高热量的食物，或者可以考虑请专业教练陪你锻炼。

有了这个截止期限，就有了紧迫感，也就有了行动的动力。为了在这个截止期限到来之前实现目标，相信你一定会为之不懈努力！

第五章

进入"状态"，在做事前快速抓住专注力

借助仪式感提升专注力，形成条件反射

　　看过《小王子》这本书的人应该记得小王子和狐狸的一段对话："什么是仪式？"小王子问。"这也是一件经常被忽略的事情，"狐狸说，"就是定下一个日子，使它不同于其他的日子；定下一个时间，使它不同于其他的时间。"这句话成了关于仪式感的名言。生活需要仪式感，比如情人节的烛光晚餐，生日时的蛋糕和生日快乐歌，过年时的贴对联、吃饺子等。有学者提出，所有仪式的根本目标是相同的：使个体能够从一个确定的境地过渡到另一个同样确定的境地。培养和提升专注力同样需要仪式感。

　　有的人会在每天开始工作前为自己泡一杯茶，有的人会喝一口咖啡，还有人会对自己说一句"我开工啦！"甚至有人会打个响指。这些简单的仪式性动作与专注力形成了条件反射式的连接，表明完成了这个动作或说完了这句话，就可以全身心地投入工作或学习中。

　　什么是条件反射？俄罗斯和苏联心理学家巴甫洛夫用狗做了一个实验：每次给狗喂食之前开灯、摇铃。多次重复之后，只要红灯一亮或铃声一响，狗就会立刻流口水。这个实验表明：原本不能引起某种本能反射的中性刺激物（红灯、铃声），由于它总是伴随某个能引起该本能反射的刺激物（食物）出现，多次重复之后，这个中性刺激物也能引起该本能反射，这就是条件反射。工作、学习前采用一定的仪式，如喝茶，通过多次

"喝茶之后立刻专注工作"的联系加以训练，下次只要想专注工作，只需要端起茶杯，喝掉这杯茶，就形成了条件反射。而"喝茶"也可以作为"专注工作"之前充满仪式感的动作。一旦完成了这个动作，内心便会出现一种暗示：该专注工作了！

心理学家告诉我们：一定的仪式感会形成自我暗示，从而让人从一种状态进入另一种状态。比如，在工作、学习时把工作台清理干净，减少环境中的一切干扰，包括噪声、杂物等，这种清理环境的仪式是为了让大脑意识到接下来要开始工作，进入专注状态。再如，可以做几个热身动作，有节奏的运动可以刺激身体分泌多巴胺，帮助大脑的不同部位同步协调，这样做的目的也是暗示大脑：我已经协调好了一切，可以开始工作了。所有这些仪式性的程序都可以让人很快进入状态。

制造仪式感的方式有很多，有时可以很简单，比如泡上一杯茶、说上一句话、播放一段音乐、做一个手势等。再如，上课铃一响，学生立刻进入教室，说完"起立、坐下"，学生立刻进入专注听课的状态。有时，仪式感也可以很复杂。某运动员比赛开始之前，会做很多仪式化的预备动作：又是看看球，又是把球贴到脸上。无论动作是简单还是复杂，只要能和专注力连接起来就可以了。

仪式还利用了"反复"的原理，要想形成条件反射，光做一两次是不行的，需要多次演练，才能形成习惯。要建立习惯性的仪式程序，需要一定的时间。形成一个习惯至少需要21天，通过反复演练，不断给自己"洗脑"，将这个程式化的仪式与迅速进入专注状态形成条件反射。不过，21天只是一个大概的数字，具体用时因人而异。

有人提到：创造出一个仪式之后，请尝试仪式叠加。就是将不同的仪式叠加起来。比如：仪式1，每天早上8点，从每日必须完成的任务中选一个最简单的任务优先处理。仪式2，完成简单任务后，开始做难的工作。

仪式3，完成难的工作后，出去跑步10分钟。1周4次，坚持2个月就能使仪式自动化。

笔者的方法是：工作前先做5分钟呼吸冥想，然后做5分钟简单数学题（如算24点），接着喝一杯热茶，最后在心里告诉自己：我要认真工作了！这个方法屡试不爽。

不管怎么说，这个专注做事前的仪式越明确，越能够提升专注力。加强仪式感的训练不仅对人们的认同感和生活情趣大有益处，而且能培养专注力，提升工作和学习的效率。从此刻开始，请尝试找到适合自己的仪式化程序，形成条件反射吧！

专注冥想10分钟，舒缓紧张的神经

什么是冥想？简单地说，就是将自己的注意力集中在身体感受和呼吸上的一种练习方法。

为什么冥想能提升注意力？有学者提到："神经学家发现，如果你经常进行冥想，大脑不仅会变得擅长冥想，还会提升你的自我控制、集中注意力、管理压力、克制冲动和认识自我的能力。""冥想让更多的血液流入大脑前额叶皮质。"前额叶皮质通常被称为大脑的命令和控制中心，决策和自控等较高层次的思考就在这里进行。前额叶皮质主管自控力与专注力，因此通过冥想锻炼，能够提升自控力和专注力。此外，冥想还可以舒缓紧张的神经，让人们保持内心的平静。

冥想前要做以下准备工作。

环境：要保持安静，可以焚香、播放音乐，穿上舒适的衣服。

时间：选择无人打扰的时间段，可以是清晨、傍晚，也可以是自己掌控的任意时间段。

姿势：坐着，腰背挺直，身体放松，尽量不要躺下，躺下可能容易睡着。

如果你从未做过冥想，可以先从5分钟练习开始。

首先，坐在椅子上，双脚平放在地上，也可以坐在地上的垫子上，双腿盘坐，腰背挺直，双手放在膝盖上。

然后，关注自己的呼吸。可以睁开眼睛，也可以闭上眼睛。睁开眼睛

时，可以注视屋内某个安静的地方，比如对面的白墙。闭上眼睛的效果会更好，能让你更加专注。

深深地用鼻子吸一大口气，同时在脑中默念"吸"，感受这一大口清新的空气被吸进身体里，此时小腹微微地隆起。用嘴巴慢慢地将这口气呼出，同时在脑海里默念"呼"，感受体内的浊气被彻底地呼出，小腹也随之慢慢地收缩。一开始练习时可以念"吸""呼"，时间久了也可以不念。此时如果头脑中想到了其他的事情，说明你走神了，这很正常，可以收回心思继续关注呼吸，把注意力集中过来。这样，每天在某一个固定的时间，反复地做呼吸练习，就可以锻炼你的专注意识。

刚开始练习时出现走神现象很正常，只要把注意力集中在呼吸上，就可以将分散的注意力拉回。这一练习的过程本身就是一种训练，训练你迅速地将注意力拉回。经过多次训练之后，你会发现自己的注意力更加集中。

慢慢地，你可以每天坚持更长的时间，做到10~15分钟。

呼吸时还可以想象有一个能量球随着吸气进入体内，并让这些能量在体内随着气息自由地流动到身体的各个部位，最后随着呼气将体内的废物慢慢排出。之所以想象能量球，是借助积极心理暗示的力量，为身体带来积极的能量，让身体和大脑变得更加充满活力。你还可以想象自己来到了大海边、草原上，或者任何你喜欢的清新舒缓的场景，在那里无忧无虑地散步等。

你可以尝试进行身体扫描，有意识地将注意力集中在身体的某一个部位上，放松。一般可以从下往上，从双脚脚趾开始，然后是脚部、小腿、膝盖、大腿、臀部、腹部、胸部、手指、手部、手臂、肩膀、颈部，最后来到头部，回到呼吸上。在整个过程中感受放松与平静。

冥想训练的目的是专注呼吸。当注意力分散时，你可能会想到其他事情，此时通过专注于呼吸可以将注意力拉回。通过多次冥想训练，你会发现，当你专注于做一件事情时，如果开始分心，可以像在冥想训练中获得的经验那样，很快地将注意力拉回。在冥想过程中，注意力分散再拉回的次数越多，在现实生活中将注意力拉回的速度就越快，所以不要担心在冥想训练时会分心。当然，如果训练时间久了，在冥想时分心的情况就会减少，现实生活中也会保持更长时间的专注。

冥想的精髓在于：经过多次训练，你会越来越迅速地感知到自己走神，并且越来越容易重新专注于呼吸。这将提升你对自己思维状态的感知能力和控制能力。反复地进行这些调整和锻炼，会使你的注意力更加集中。

一些学者非常推崇一种"视觉冥想法"。这是一种常见且简单易行的提高专注力的方法。人们可以通过凝视一件物体，比如一朵花、一张照片或一幅优美的风景画来进行操作。具体做法如下。

凝视选定的物件1~2分钟，注意避免瞪视、眨眼或思想分散。然后慢慢闭上双眼，在头脑中浮现该物件的画面。当该画面渐渐模糊时，睁开双眼，重新将目光投向该物件。反复进行该过程，持续大约10分钟。

练习时可能会流泪，泪水恰好起到了湿润眼球的作用。如果之前有不良情绪，通过流泪也可以得以缓解与释放。在进行视觉冥想的过程中，一定要避免浮躁，慢慢来，让自己渐入佳境。一些生物学家认为，视觉冥想可以让大脑获得充分的休息，对解决注意力缺失、大脑易疲劳等问题有很大帮助。视觉冥想能使人产生一种宁静的感觉，使大脑从混沌状态迅速变得清晰起来。

紧张和放松是两种不能同时出现的状态，而通过呼吸冥想和视觉冥想都可以达到放松的状态，从而将人从紧张状态中拉回。因此，当你每天被紧张的工作包围，想要放松时，不妨试试每日冥想10~15分钟，可能会收到意想不到的效果。

专注观察呼吸，驱除纷扰的杂念

呼吸是人与生俱来的一种本能，伴随着生命的每一刻。一旦呼吸停止，生命也就宣告结束。白天，正常情况下，一个人每分钟会有12～20次的呼吸；晚上在睡眠状态下，呼吸会变得缓慢，更加趋于平静。人在紧张时，呼吸会加快。如果适当地拉长并做深呼吸，可以促进血清素的分泌，缓解紧张、焦虑、恐惧等情绪。呼吸时刻紧密相随，人们平时极少关注自己的呼吸，但是想要驱除纷扰的杂念时，专注地观察自己的呼吸的确是一个很好的办法。

人的思想瞬息万变，随时随地都会有各种念头产生。有时人们越是想要避免这些杂念，它们反而越容易冒出来。然而，人的注意力是具有选择性的。当你在做一件事情时，周围可能会有许多嘈杂的声音和杂乱的事情。那么，如何在这些嘈杂中排除各种纷繁的杂念，为自己找到一片净土呢？方法其实很简单，那就是随时随地关注自己的呼吸，观察呼吸、体会呼吸，让自己走出纷乱的想法，回归平静。最简单的提高专注力的方法也是从观察呼吸开始的。

观察呼吸，首先要了解呼吸、会呼吸。呼吸一般有两种方式：胸式呼吸和腹式呼吸。

胸式呼吸：主要以肋间肌的活动为主，肋骨上下运动，胸部微微扩张，腹部保持平坦。

腹式呼吸：主要是通过横膈膜的上下移动来实现的。吸气时，横膈膜下降，把脏器挤到下方，腹部微微隆起；吐气时，横膈膜上升，腹部收缩。这种呼吸方式备受推崇，也更加健康。

做呼吸练习时，多采用腹式呼吸法。具体做法：采取仰卧或舒适的坐姿，可以把一只手放在腹部肚脐处，放松全身，先自然呼吸，然后吸气时最大限度地向外扩张腹部，使腹部鼓起。呼气时最大限度地向内收缩腹部，把所有废气呼出去，胸部始终保持不动。注意，尽量做到吸气时吸到不能再吸，呼气时呼到不能再呼。吸气时心里默念"吸"，呼气时默念"呼"。

专注地观察你的呼吸，你就会感受到由呼吸带来的身体感觉。此时，放下所有知识、经验和思想，只是去看，调用整个身体的感受去观察。此时的你就是一个旁观者，只是看着自己一吸一呼。如果这时突然想到了其他事情，思绪跑偏，心神不宁，也不要慌张，你只需要继续调整呼吸，把思绪拉回来即可。在这样反反复复，跑出去拉回来，拉回来又跑出去的过程中，你会发现你的专注力保持的时间会越来越长。之前提到的冥想过程，也是通过专注呼吸进行的。通过这种专注，你可以变得更加平静，纷扰的杂念即使来了，也可以自然地流走。

腹式呼吸时，不妨将吐气时间拉长一些，放慢一些。这样不仅可以刺激副交感神经，还能帮助自己调节状态。经常进行腹式呼吸，可以让人更专注，不需要任何成本，随时都可以进行。记住，无论想到什么都无所谓，最终要回到呼吸上。相信你会变得越来越专注！

5分钟简单计算，提升记忆力

看过大型科学类真人秀节目《最强大脑》的人一定对诸如"微观辨水、快速算总价、蒙眼拧魔方、瞬时多信息匹配……"等环节记忆犹新，更是惊叹于挑战者们的超强记忆力！他们的成功除了天赋异禀之外，更多的还是靠平时的刻苦训练。

我们的工作、学习、生活，处处离不开记忆力。领导交代的工作不能忘，考试的内容不能忘，甚至壶里正在烧的水忘记了也不得了，记忆力对我们来说真的非常重要。英国著名哲学家培根曾经说过：一切知识的获得都是记忆，记忆是一切智力活动的基础。

注意力分散是记忆的大敌。如果能够将注意力稳定地集中在需要记忆的内容上，就可以极大地提高记忆的效率。有学者说，注意力是记忆的大门。还有学者说：天才，首先是注意力。虽然每个人未必都能像《最强大脑》里的选手那样技艺超群，但也希望自己的记忆力不会太差。如何实现高效记忆呢？专注地做5分钟的简单计算练习，就可以打开提升记忆力的大门。

有研究团队曾进行过一项实验，他们请平均年龄39岁的人每天完成100道一位数的乘除减混合运算题，每天进行约5分钟。一个月后，这些人从锻炼前平均能记住12个单词提升到能记住14个单词。这个实验也证明了这样一个事实：健康的人每天进行5分钟的运算，可以达到锻炼大脑和增强记忆力的目的。

　　笔者认为，5分钟的简单计算，因为简单，容易激起做题者的兴奋，使做题者的大脑分泌多巴胺，让做题者充满积极情绪，充满活力，注意力就会更加集中，从而提高记忆力。5分钟的简单练习因为能够很快、很准确地完成，容易产生成就感，而成就感会刺激大脑的奖励系统，提升斗志与专注力。

　　必要时还可以将5分钟的简单计算当作开始工作的仪式化程序，暗示自己做完这5分钟，就可以进入更专注的状态。

　　常用的5分钟简单计算方法可以是"速算24点""数学计算大挑战"等，这些在手机上都有现成的应用程序，可以规定自己做5分钟左右。

"一个字一秒"：朗读文章开头的5个字

曾几何时，我们明明知道这项工作明天就得完成并上交，但就是不想做，却又觉得闲着也不对，于是做其他并不着急的事情，比如打游戏、收拾屋子、看闲书，总之，做了很多无关的事，就是不愿意动手做当前这件紧急的事。正如此时，拿到一本书，笔者很清楚地知道必须要读，却怎么也不愿意翻开，宁愿先做一些其他无关的事情，也不愿看它。这是为什么？是书的内容不足够吸引我，还是我心里想着其他的事情？也许看这本书本身就不是我愿意做的事。

以上这些都属于"拖延症"。"拖延症"可能人人都会有，只是程度轻重不同而已。有些人觉得影响到了正常生活，有些人则并没有把它当回事。对付拖延症最好的办法就是"立刻行动，马上行动"。为什么这么说呢？笔者对学生做过相应的观察和研究，发现成绩比较好的孩子有一个共同的特点：他们做事前很少思前想后，很少考虑"我现在该做题还是不该做题？我现在想不想做题？我是现在做题还是待会儿再做？"等，而是直接采取行动，立刻动笔。不管怎样，先做起来再说。在做的过程中"逢山开路，遇水架桥"。所以有时候，即使是通过逼着自己读一本书，也能专注地开始。

如何去做呢？先从文章开头的5个字读起，"一个字一秒"，这样做的目的是提升专注力。

一般情况下，人一分钟阅读160~180个汉字，一秒阅读3~5个字，读得快的也能读二三十个，甚至可以达到一目十行的效果。而一个字一秒地读，就是将注意力聚焦在当前的文字上，慢慢地品味，边阅读边加深理解和记忆。

这个方法相对简单，无论大人还是孩子都容易学会，而且不易引起抵触情绪。当你坐在办公桌前准备开始一项较难的新任务时，也许会因为难度较大而有些"嫌麻烦，不想做，不愿意做"，这些想法是人们集中注意力的"元凶"。你可以从阅读一小段文字开始，将其作为强化注意力训练的工具，作为开始某项新任务前的"仪式化程序"。一旦开始一个字一秒地将文字慢慢读出来，就意味着后面即将进入非常专注的状态，形成了一种心理上的暗示。

注意力不集中的人，如果没有很专注地以每秒一个字的速度朗读，很可能看似在一目十行地看书，但实际上根本没有理解内容，或者看过一遍后完全没有记住。如果事后问他看了什么内容，他可能一个字也说不出来。也许此时他脑子里正想着其他的事情，有各种杂乱的想法。如果以每秒一个字的速度慢慢地将文章开头读出来，不仅可以帮助他理解文章的具体内容，而且通过慢慢地朗读，可以逐步集中注意力。

人的大脑通过5种感官来接收和感知外部信息。这5种感官产生的感觉，是视觉、听觉、嗅觉、味觉和触觉。有研究人员分析资料后得出结论：这5种感官接收外部信息的比例并不相同，一般情况下，1%来自味觉，1.5%来自触觉，3.5%来自嗅觉，11%来自听觉，而最多的信息来自视觉，占到83%。"一个字一秒"地朗读其实不仅调用了视觉感官，还调用了听觉感官。看到并慢慢读出来，也就听到了，通过视觉和听觉的共同作用，可以提高专注能力，加深对知识的理解与感悟。

"一点集中法"：让专注力快速聚焦

记得小时候常玩这样一个游戏：在一张纸上用黑色水笔或者铅笔涂黑一个小圆点，尽量涂得深一些，然后放在阳光下，调整放大镜的位置，使焦点恰好投射到那个圆点上。大约5分钟后，纸就开始冒烟了。这说明此时阳光的热量都集中到了那个小黑点上，这也体现出聚焦于一点具有较大的威力。如果你没有将放大镜的光线集中投射在那个点上，而是这里投射一下，那里投射一下，到处乱投射，相信你即使用一整天的时间也无法点燃那张纸。

无法专注的人，目光往往是游离、飘忽不定的，甚至在与别人对话时也不敢直视对方的眼睛，常常表现出心神不宁、恍惚的状态，目光无法集中于一点。因此，要想让专注力快速聚焦，就需要将游离的目光集中起来，集中在一个点上。这样，注意力就可以快速聚焦，工作时的专注度和效率也会大大提高。

将注意力集中于一点的方法，简称为"一点集中法"。这里的一"点"可以是自己在纸上画出来的一个"点"，也可以是身体上的某个固定的"点"。有的人恰好手上有颗"痣"，他就可以把这颗痣当作那个点。有人说我手上没有痣，那么在手上画一个圆点也是可以的。有的人想象力比较丰富，能在某个部位想象出一个点来也是可以的。有了这个点之后，每当你需要快速聚焦专注力时，不妨紧盯着这个点看。具体的方法是：先进行3次"5—3—8深呼吸"：端正地坐好，用力耸耸肩膀，然后迅速沉肩，把双手放在膝盖上，掌心向上，用鼻子吸气5秒，屏住气3秒，之后缓缓地张口吐气8秒；然后紧盯着那个"点"看5次，每次至少维持5秒钟。盯着这个点看时，尽量做到不做任何联想，放空大脑。

这种把注意力集中在某个点上的方法既简单又实用，可以随时随地进行。比如，当你马上要参加考试或者需要上台演讲时，由于紧张而导致精力不集中，你不妨拿出笔在手心里画一个圆点，然后盯着它看，很快你就能放松下来。当你想进行一项难度稍大的工作，难以集中精力时，可以拿出纸笔，先在纸上画一个小圆点，盯着它多看几次，相信很快你就会进入状态。当你因为不敢和陌生人交流而不敢看对方的眼睛，不敢与对方有眼神交流时，可以盯着对方的前额，想象那里有一个小圆点，这样看上去与看着对方的眼睛有相同的效果。当然，这时就不要一直盯着，可以适当看看对方的前额，适当看看别处，以免让对方感觉被紧盯着而产生紧张感。有些刚入职的推销员不太敢和陌生人交流，老推销员教他们的方法是用一只手的拇指和食指掐另一只手的虎口，将注意力聚焦在虎口这个痛点上，这样也能迅速地消除紧张感，集中注意力与人交流。

心理学研究表明，人在同一时间内无法感知许多对象，只能感知环境中的少数对象。人在清醒的时候，每一瞬间都在注意某种事物。当大脑要聚焦的点越多时，注意力越容易分散，工作效率越低。因此，在某个时刻，只需要让自己盯着某一点看，就能迅速集中注意力。

有人发明了一种"注意力卡片"。卡片以黄色的长方形为背景，中间画上蓝色的菱形图案，最后在菱形的中心位置有一个非常小的白色圆点。使用注意力卡片时，只需先做深呼吸，然后盯着卡片上的小圆点看20秒钟，此时以那个点为中心，你会看到菱形的残影。之后缓缓闭上眼睛。等这个残影消失后，再慢慢睁开眼睛，开始当下的工作即可。

感兴趣的朋友不妨自己制作一张这样的注意力卡片，使用起来非常方便。这种卡片能使人很快静下心来，专注力也能够迅速提升。作者建议，不妨"盯着中心点20秒，然后测定闭眼后残影的保留时间"。"残影持续时间的最低标准是60秒左右，初学者可以以60秒为目标"，每天随时随地都可以练习，1天3次左右为宜。只要勤加练习，残影保留时间就会越来越长，专注力也会提高得越快。

"叠球"训练：解锁"超强专注状态"

前面提到的"一个字一秒"法运用的是视觉和听觉两种感官相结合的训练，"一点集中法"主要利用的是视觉训练，现在要介绍的"叠球"训练则既要运用视觉感官，又要运用触觉感官。

手机上有个"堆箱子游戏"，就是把箱子一个一个垒起来，垒得越高，得分越多。现实生活中还有一个与这个游戏相似的游戏——叠球。这个游戏显然比堆箱子的难度更大。箱子重叠的地方较多，接触面比较大，容易堆积起来，而把2个甚至3个球叠起来却比较困难。然而，这个相对困难的游戏却可以作为注意力训练的好方法。如果你能在很短的时间内将2个甚至多个球叠起来，并保证其不倒，就说明你已经解锁了"超常专注状态"。

叠球训练中的球一般选择网球，就是将2个或2个以上的网球竖直叠放在一起。初学者可以先尝试叠2个网球，熟练之后可以挑战叠3个或更多的网球。由于球的表面是弧形的，接触面很小，甚至只能在一个小点上重叠，这需要极大的耐心和高度的专注力才能实现。

想必第一次听说叠球的人会非常好奇：怎么可能？！并且会有这样的抗拒心理：网球是球体，2个球是不可能叠在一起的！但事实上，只要你能够静下心来，耐下性子，愿意一遍遍尝试，还真的能掌握叠球的技巧，把2个网球叠放在一起。

当然，你首先要相信自己能将2个网球叠在一起。只有先相信了，你才愿意去尝试。有的人根本不相信，觉得这是不可能完成的任务，当然也就不愿意开始行动。事实证明，2个甚至3个网球是可以叠起来的。笔者根据相关人员提供的方法尝试了很多次之后，确实将2个网球叠了起来。能够成功完成这项训练的人大致具备如下特征：首先，相信自己能够叠球成功并愿意立刻动手去尝试。其次，在尝试的过程中，头脑里要时常浮现2个球被成功叠起的场景。再次，掌握正确的方法，把注意力集中在那2个球上，集中在叠球的动作上。最后，不怕失败，一次次练习、训练，直到成功叠起为止。

叠球也是有技巧的。首先，要仔细观察2个球的特征，利用视觉和触觉两种感官协调作业。你可以观察并触摸到网球的球体是橡胶做的，表面包裹了一层绒毛。正是这层绒毛具有相对较大的摩擦力，可以保证2个球能够叠在一起。其次，可以借鉴前面小节里提到的"一点集中法"。如果你关注太多的点、太多的地方，反而无法集中注意力。不妨在上面那个球上画一个小点，直径大约5毫米，将你的注意力始终集中在这个点上。看着这个点，用手握住这个球，将有点的这一面朝向天花板，人从上面俯瞰这个点，慢慢地把这个球叠在另一个球上，尽量保证画出来的点居于中心位置。请你一遍遍地尝试，相信很快就能熟练掌握叠球技巧。感兴趣的读者不妨多加练习，一定能熟能生巧。

卖油翁的故事大家可能听说过：古时候有个擅长射箭的人，叫陈尧咨，他的箭术十分高明，他也经常因此自傲，认为世上无人能与之匹敌。一次，他在自家的园圃里射箭，一个卖油的老翁看到后，对他的精湛箭术却不以为意，并且说："无他，但手熟尔。"老翁取过一个葫芦立在地上，用铜钱盖住葫芦口，慢慢地用勺子把油穿过铜钱孔倒进葫芦，却没有一滴油沾到铜钱上。陈尧咨惊叹不已。老人说："我亦无他，惟手熟尔！"这个故事告诉人们,只要努力训练,长期专注于一件事情,就可以熟能生巧,进而实现目标。叠球训练也是一样,只要每天多加练习,就可以很快地将2个甚至3个球叠加直立起来。当然,有手抖毛病的人难度会大些。无论是射箭者、卖油翁,还是叠球者,相信他们在做事时一定是非常专注的。而且反过来,通过他们长时间的训练,也培养和提高了他们瞬间进入专注状态的能力。

当然,在叠球的过程中,如果心不在焉、注意力不集中,基本上不会成功。因此,叠球训练自然就成了迅速提高专注力的好方法。

大量事实表明,一个人越是能够快速叠球成功,头脑越灵活,专注力越强,越能够迅速进入专注状态,工作效率也就越高。

因此,看到本书的朋友如果对叠球感兴趣,不妨用这个方法多加训练。在每次需要高度专注地完成某项任务之前,可以做做这个游戏。训练之初,你可能觉得比较费劲,花费的时间也较多,但随着练习时间的增加,你自然会熟能生巧。你甚至可以尝试单手叠球,或者尝试叠3个球等。也许练习久了,不用看,光凭手感,你也能将球叠起来。如果能迅速将球叠起来,也恰好说明你可以迅速进入专注的状态。

"站立式工作法"可产生奇效

有些人的工作性质使他们常常处于久坐状态，比如司机、作家、财务人员、办公室文员等。想必大家都知道久坐的危害：全身血液循环不畅，容易引发各种健康隐患和疾病。而站立可以促进全身的血液循环，有助于身体获得更多的氧气和能量。因此，克服久坐的习惯，养成适当的站立式办公习惯，对身心健康有很多益处。

站立式办公是一种新型的办公方式，为一些新兴科技公司所推崇。这并不意味着全天每时每刻都得站着办公，而是一种相对于坐着办公的过渡形式，提倡员工在工作过程中可以采用站立而不仅仅是坐姿进行工作。通过变换身体姿势，一方面提升工作效率，另一方面，通过身体的放松来带动精神的放松，有助于员工的身心健康。

喜欢站着办公的人还真不少，他们认为这样不仅能使注意力更加集中，防止困倦，还能增加专业的权威感，对人体健康也有好处。美国作家海明威在写作时，喜欢单脚站立。他说："采取这种姿势，使我处于一种紧张状态，迫使我尽可能简短地表达我的思想。"《老人与海》就是在这种状态下完成的。

某老师也喜欢站着办公。每次外出作报告时，他都是站着的。他自己总结道：好身体要在工作岗位上积累，工作时间锻炼我们的身体。保持身体健康，才能做好自己要做的事。

有医学专家声称，站立式办公对健康非常有益，不仅能减少疾病，还能延年益寿。站立可以促进全身的血液循环，燃烧多余的热量，促进新陈代谢，使人保持良好的身材，还可以预防心脏病发作，促进胰岛素分泌，降低血糖和胆固醇。而长期坐着工作的人，患糖尿病、肥胖和心脏病的几率将比站立工作者高出许多。部分人体工程学专家和公共健康研究人员也认为，为了健康应该大力提倡站立工作。

事实上，站立也是一种锻炼方式，还能明显促进瘦身。一项研究表明，瘦人平均每天站立的时间比胖人多153分钟。站立相比坐着每小时可以多消耗12～30大卡。

某医生在早期坐诊时，因为每天要接待上百个患者，一坐就是五六个小时，导致他时常头晕目眩、胸闷气短、腰腹劳伤。后来，他改坐诊为立诊，一坚持就是二三十年。用他自己的话说，站诊的好处有：一防颈椎病，二防冠心病，三防前列腺病，四防肛病，五防癌症。

站立式办公还能提高工作效率。一项研究结果表明，站着工作或许能让我们的大脑更快地思考问题。因为站立本身需要更多的体力，而且站立时大脑需要管理更多的事情，比如平衡身体和控制轻微的肌肉收缩等。这些持续的、可控的、微小的任务会给人带来压力。

此前有研究表明，适度的压力可以让人表现得更好。这项研究还表明，适当的额外压力会使人的注意力更加集中，大脑思考得更快，反应更加迅速。这时人更容易专注于手头的工作，提高工作效率。某大学公共卫生学院的一项研究也发现，站着学习比坐着学习能使思维更清晰，注意力更集中。还有些研究发现，那些定期站着工作而不是整天坐着的人，报告了更好的工作体验，他们的工作疲劳较少、焦虑较少，生活质量较高。因此，不少学生和喜欢看书的人也开始选择站着读书，以免因久坐而犯困。

既然站立式办公有这么多好处，那么是不是站得越多越好呢？当然不是，任何事情都要有个度，长时间地站着原地不动，同样也会损害健康。有些人的工作性质本身就是长期站立的，比如教师、商场导购员、餐饮服务员、理发师等，他们站立时间久了，常常也会患上腰肌劳损、下肢水肿、下肢静脉曲张、下肢血栓等疾病。这些人不妨适当走动或活动，也可以采取站坐结合的方式来调节因久站引起的不适。

如何使站立式办公取得较好的效果呢？

做好准备工作：为了配合站立式办公，不妨配备一个好的升降办公桌，桌上也可以配置升降台。有了好的办公设备，员工才愿意站着办公。还需要准备好合适的鞋袜，女士不宜穿高跟鞋，最好穿轻薄合脚的布鞋和高弹力的袜子，这样可以减轻腿部出现静脉曲张的问题，也可以缓解脚部疼痛的症状。

经常变换姿势：站立式办公时，可以将身体微微向前倾，不要总是用两条腿一起支撑全身重量，可以两脚轮流站立。这样，当一只脚站立时，另一只脚可以得到放松，两条腿也可以轮换着休息。站立时，还可以踮起脚，让脚后跟一起一落活动，或做小腿的踢腿运动、拉伸、压腿以及活动踝关节等，这些都可以减轻腿部酸痛，促进血液循环，减少体内的代谢物堆积，预防久站酸痛。手部也可以做一些小动作，如快速地握拳再松开，锻炼手部肌肉。用力握拳可以锻炼小臂肌肉，双手交互用力可以锻炼上肢的整体肌肉。总之，要经常变换姿势，不要始终站立不动。

就像不能久坐不动一样，也不能久站不动。每站20分钟，不妨走动走动或活动一下。刚开始站立办公时可能会有些不适应，但时间久了自然会体会到其中的好处。一直坚持下去，一定也可以收获健康。

做做"找不同"练习，活化你的思维

大家所说的"工作"可以笼统地概括为两大类：一类是不需要动脑筋的简单工作，可以称为浅度工作；另一类是需要开动脑筋，甚至绞尽脑汁深入思考后才能完成的工作，称为深度工作。

对于简单的浅度工作，由于难度不大，所以更容易集中精力快速完成。而当人们处理深度工作时，往往存在畏难情绪，不太愿意动手去做。为此，前面的章节也提到了很多方法，比如先做比较简单的数学题、简单的阅读等，先从简单的事情入手，激发工作者的兴趣，让工作者慢慢适应、渐入佳境。与这些方法类似，还有一种既简单又易行的好方法——"找不同"练习。

通过找不同这种相对简单的训练，可以为工作者营造出较为容易专注的氛围，让他们的注意力先集中起来，之后再进行难度较大、具有挑战性的工作，自然就会水到渠成，不感到疲惫。孩子们在训练大脑灵活性时，常常会选择找不同游戏。这种训练看似简单，但需要专注投入，如果不仔细寻找，未必能将所有细节都观察到。

游戏中出现的两张图片基本上是一模一样的，不仔细看根本找不出什么特别之处。只有细心观察并且有足够的耐心，才能发现其中细节上的不同。一旦关注细节，就意味着注意力水平有所提高。

找不同的方式多种多样，可能是寻找画面中的不同，也可能是一组或多组英文字母让你找到不一样的地方，还可能是找数字上的不同。总之，需要敏锐的观察力，而观察力的基础还是注意力。先注意到了，才会认真观察，找到不同。这个游戏趣味性较强，无论是大人还是孩子都易于操作且愿意尝试。通过自己的努力找到所有不同之后，必然会产生兴奋感和满足感，这也相当于给大脑注入了兴奋剂，激活了大脑的能量。

当然，长时间盯着找不同的游戏会引发眼部疲劳，不妨尝试通过"眼球快速转动训练"来缓解疲劳。具体做法如下：水平伸出双臂，与肩同高，竖起两个大拇指，左手大拇指位于左眼正前方，右手大拇指位于右眼正前方。两手间距大约30厘米。首先，将视线聚焦于右手大拇指，然后转移到左手大拇指，如此反复5～10次。注意，仅需转动眼球，头部保持不动。这个训练的目的是扩大视野，加快大脑的反应速度，帮助准确地确定位置，为找不同游戏中的眼球迅速转动和准确定位提供基础。

做找不同训练时，一般寻找的顺序是：从上到下，从左到右，目光一点一点按序移动，尽量不要这里看一眼，那里看一眼，而是要把所有的画面都"扫描到"。

书店里有专门的找不同练习图册，手机上也有专门的应用程序。感兴趣的朋友可以在空闲时多做这种练习，用来锻炼注意力、观察力、记忆力和反应能力，活化思维。在开始较难的工作之前，也可以做几个找不同练习，让它成为你正式进入状态的仪式化程序。

利用"作业亢奋"，让自己多"撑"一会儿

有读研、读博的朋友讲过一种感受：捧着厚厚的书本，实在不想翻开，但又不得不看，怎么办？只好硬着头皮看。然而，看着看着，越看越带劲，甚至挑灯夜读。有些人工作时也是这样，一开始各种"懒癌"发作，不想做，但迫于无奈，只好硬着头皮去做。在做的过程中，他们体会到了成就感，于是越做越兴奋，反而一直坚持做了下去。还有些家庭主妇在打扫卫生之前可能一百个不乐意，但看着家里那么凌乱不堪，又不得不打扫。一旦真正干起来，居然越干越起劲……这些都是"作业亢奋"在起作用。

有学者对"作业亢奋"的定义是：一开始不想做的事，做的时间长了，反而沉迷起来。也就是说，不管怎么样，得先做起来，做着做着就会越来越兴奋，干劲十足。这个作业亢奋可以让人多"撑"一会儿。有精神科医生对大脑机制的科学实验也证实了这一点。

作业亢奋的原理是多巴胺刺激大脑奖励系统中的伏隔核。伏隔核是慢热型的，它不会一下子就兴奋起来，而是经历一个逐渐兴奋的过程。这也是人们感觉专注力慢慢提高、事情越做越有劲的原因。

如果任务所需时间较短，为了能让这个任务在最专注的状态下完成，可以采取先从其他事情开始的做法。因为专注力不会立即提升，需要一些时间来等待。那么就可以利用作业亢奋原理，在完成较短任务之前，可以

先进行一些准备工作。比如，先收拾桌子，泡杯水，找一些简单的事情做做，这样慢慢地进入状态，然后再开始着手完成那项用时较短的任务。

有些人打游戏，一开始说"我就打一局"，然后却越打越兴奋，停不下来，这也是因为作业亢奋。利用这个原理，借鉴打游戏的劲头，把需要较长时间才能完成的工作直接先做。虽然一开始可能兴趣不大，但做着做着，兴趣也许就来了，甚至越做越好。

前面章节提到，为了让自己更加专注，需要劳逸结合，隔一段时间休息一下。但是在出现作业亢奋的情况下，就要区别对待。如果尚未过分感到疲倦的话，不妨适当延长工作时间。如果一开始规定自己工作30分钟后休息，可以适当延长一些时间，让自己"多坚持一会儿"。因为在产生了作业亢奋后却很快进入休息状态，就浪费了好不容易建立起的专注力。还不如让自己一鼓作气地继续专注工作，直到实在无法坚持为止。

笔者曾为自己设定一个月内看完西班牙作家塞万提斯近900页的名著《堂吉诃德》的目标。看着厚厚的一本书，心中有些畏惧。然而，由于书中情节跌宕起伏，人物栩栩如生，原本打算每天只看30页，谁知看着看着，便一发不可收拾。借助作业亢奋，每天都看到很晚，不到一周就看完了。

当然，作业亢奋也会有消退的时候，如果感到疲倦，就应该及时休息，没必要再继续坚持。作业亢奋消退之后，大脑将进入疲倦期，注意力反而容易分散，此时再勉强做下去，只会降低效率。

第六章

提升效率，形成高效工作方式

深度工作：摒弃低效的"浮浅工作"模式

随着社会的发展变化，人们受到各种媒体以及其他海量信息的干扰，想要特别专注地做一件事，显得尤为困难。但是，要想立足于这个高速发展的社会，确实需要快速学习和掌握复杂技能的能力，否则你很可能会被淘汰。企业或个人要想获得成功，还需要在自己的能力范围内生产出最好的产品，使自己有别于他人，成为独具特色的个体，而这些都需要"深度工作"。

有学者给出了"深度工作"的定义。深度工作是指在没有干扰的状态下专注地进行职业活动，使个人的认知能力达到极限。这种努力能够创造出新的价值，而且难以复制。深度工作的状态能让人迅速掌握复杂的工具，并且提高工作质量和效率，使你成为职场精英。深度工作在经济生活中产生的价值越来越高，培养这项技能已成为职场人的共识。

相对而言，浮浅工作是在受到干扰的情况下进行的一些对认知要求不高的事务性任务。试想一下，如果你刚准备沉下心来做某项工作，突然电话铃声响起，此时去接电话这个行为对大脑就是一种干扰。专家研究发现，即使很短暂的干扰也会显著延长完成这项工作的时间。因此，如何摒弃低效的浮浅工作模式，让自己沉浸在深度工作状态下就显得尤为重要。

有学者为深度工作设定了4种基本模式，即禁欲模式、双峰模式、节奏模式和记者模式。

禁欲模式适合非常自律的自由职业者，可以与世隔绝地进行深度工作。比如一些作家，可以把自己关在家里或酒店房间，专注地完成一部书的写作。

双峰模式将时间分为两段，一段用于深度工作，另一段用于浮浅工作。一些学者就擅长运用双峰模式。在工作时，通常别人找不到他，他会全神贯注地工作。而一旦过了这个工作的高峰，他就会彻底放松，进入休闲时间。这种模式也适合普通的职场人士，他们没有那么多的时间，并且有各种不得不做的浮浅工作需要处理。因此，可以在一段时间里专注于深度工作，其他时间段处理浮浅工作。

节奏模式是在每天固定的时间进行深度工作，并形成规律。例如，某作家每天4点起床写作，10点出去跑步，坚持了30年。新手们不妨尝试这种模式，但这种模式对个人的自制力要求较高，特别懒散的人可能不适合。

记者模式，顾名思义与记者的工作性质有关，需要能够见缝插针，随时进入采访、记录、拍照、写稿等深入工作的状态。

作为职场中的普通人，已经很少能够完全与世隔绝，专注地一连几年、几个月，甚至几周时间做一件事了，而且也常常不得不面对浮浅的工作。所以，自己要想办法创造深度工作的时间，尝试使用双峰模式、节奏模式，最好能达到记者模式，尽量做到只要有空闲时间就能立刻转入深度工作的状态。一般来说，能在一个半小时内不受任何干扰，达到思考的极限，就可以算是达到了深度工作状态。专注能力更强的人甚至可以达到连续4个小时的专注状态。

为此，大家不妨尝试做以下几方面的努力。

设立明确的工作目标。即想要深度工作多长时间，并达到什么样的效果。如果没有目标，你的时间可能会被诸如浏览网页、沉迷于各种社交媒体等活动耗费掉。因此，你需要对自己所从事的工作价值有足够的信心，并能够熟练掌握实现深度工作的技能，从而达到一种"心流"状态。有学者将"心流"定义为一种将个体注意力完全投入某项活动中时所出现的全神贯注、投入忘我的感觉。此时，你甚至感觉不到时间的存在，内心充满能量和满足感。

不必成为一个没日没夜只知道工作的苦行僧。要学会拒绝一些可做可不做的浪费时间的浮浅工作，不在小事上浪费时间。比如，收发邮件这些不需要思考的事情以及不必要的各种会议等都属于浮浅的工作。电子邮件可以安排在一天中的某个固定时间接收，不需要随时查看，更不要随时打开手机微信接收信息，或者随时玩电脑游戏等。可以适当起来活动，注意劳逸结合。

避开一切干扰。找一个相对安静的办公环境，限定一个时间段，这个时间段可以是一小时、两小时或一个上午。安排好固定的日程，并将日程安排得比较紧凑。如果某项工作需要2小时完成，可以尽量安排在1小时40分钟至1小时50分钟内完成。在这些固定的时间段内，集中精力进行深度工作。

也许你无法完全摒弃浮浅且低效的工作，但你可以尽最大努力，将浮浅工作占用的时间和精力限制在最少的范围内，留出大量时间专注于深度工作，并享受深度工作带来的喜悦与满足感。

要事优先：专注于至关重要的20%

有些人总感觉时间不够用，每天需要完成的事情太多，不知道究竟从哪里入手处理。一天下来，居然还有那么多事情没有处理完。而有些人却总能轻松地集中精力，把最重要的事情处理好。这就涉及一个时间管理的技巧——要事优先。

时间管理并不是要求人们在某个时间段里把所有的事情都做完，这不现实。但是如果决定好了哪些事情先做，哪些事情其次做，哪些事情可以迟点做，哪些事情甚至可以不做，也就是按一定的先后顺序来处理的话，即使有些事情没有做完，但最重要的事情优先处理完了，离实现最终的目标也就更近了。而这个先后顺序取决于事情的重要性和必要程度。时间管理的原则就是先做重要且必要的事情。

意大利经济学家维尔弗雷多·帕累托发现，处于社会上层的20%的人拥有80%的社会财富和影响力。这个理论后来以他的名字命名为"帕累托法则"，也叫80/20法则。如果加以引申，就会发现，任何一组事物中，最重要的只占其中一小部分，约20%，其余的约80%虽然占大多数，却是次要的。在人们需要完成的任务清单中，20%的任务价值远大于80%的其他任务。但在日常生活中，很多人最容易拖延的也是那20%的任务，反而花了大量时间忙碌于那些不重要的低价值的80%的任务。因此，如果你能遵守这个法则，将注意力集中在更重要的20%的事务上，就能够只花20%的时间取得80%的成效，从而高效地完成任务。

之前的章节提到，将任务按照重要性和紧急性划分为4个象限。很明显，这至关重要的20%应该分布在重要且紧急和重要但不紧急2个象限中。可能有人认为，应该优先完成重要且紧急的事情，其次是重要但不紧急的事情。但笔者认为，重要但不紧急的事情更应该花大力气完成，这样许多事情就不会拖延成重要且紧急的事情。听说过这样一个案例：美国某小镇的消防队每天都要赶赴各个火场灭火，非常辛苦，效率也不高。后来，他们改变策略，在救火之外，派专门人员检查救火设备、老化线路等安全隐患。虽然一开始工作量增大了，但小镇的火情逐渐减少了。很明显，救火属于重要且紧急的事，而防火属于重要但不紧急的事。如果优先处理防火工作，救火工作反而会变少。

所以，正确的做法是按照任务的重要性和必要性进行排序，为每天要做的事情划分等级：通常排在第1项的一定是最重要且最必要、最能实现总体目标的事情，第2项可以是次重要的任务……以此类推。在执行时，一定优先完成第1项，之后依次进行第2项、第3项……这样，即使一天内没有完全完成纸上列出的所有内容，但只要最重要的事情完成了，其他琐碎的事情不做也没有关系。

有的时候，重要且必要的事情往往是有些难度的。很多人采取的措施是先做简单容易的琐事，而把这件要事一直往后推，最终的结果往往是无关紧要的事情做了一大堆，而这件要事却可能没有完成。

作为文字工作者，小文深有感触。为了完成一本书的写作，她设定了大目标，并将其分解为层层小目标，即每天完成2小节内容的写作。这是她一天中最重要且最必要的事情。然而，相比于一天中其他需要做的事，这项任务有一定难度。她个人也有些不情愿去做，因此采取了先做简单、不用动脑、不重要的事情的策略，总觉得只要今天完成了就行。然而，事实上写稿总被拖到晚上，而且拖得很晚，也只是开了个头。由于太困，她不能影响休息，就没继续写下去。结果可想而知：没有完成任务，小文的心中满是内疚、遗憾和自责。经过几次这样的折腾，小文开始调整策略：无论如何，先完成2小节内容，然后按重要性和必要性排序，一件件按序去做。慢慢地，她发现，先把每天的2小节内容完成后，其他事情，尤其是排在最后的事情，能不做的也就不做了，反而感觉异常轻松，不再有之前的内疚感。事实证明，这种方法非常高效，根本没耽误什么事情，该做的也基本上都做完了。

有这样一个故事，很值得大家借鉴：一位时间管理专家为一群商学院的学生做了一个实验。他先在一个广口瓶里放一堆拳头大小的石块，直到石块高出瓶口，然后问学生们："瓶子满了吗？"学生答："满了。"专家反问："真的吗？"他拿出一桶砾石倒了进去，并晃动玻璃瓶子，使砾石填满下面石块的间隙。"现在瓶子满了吗？""可能还没有。""很好。"专家又从桌下拿出一桶沙子，慢慢倒进玻璃瓶，沙子填满了石块和砾石的所有间隙。他再次问学生："瓶子满了吗？""没满。"学生大声说。他再一次说："很好。"专家拿过一壶水，倒进玻璃瓶，直到水面与瓶口齐平。从这个故事中，你能否得到启发？如果不是从放置大石块开始，按照从大到小的顺序进行，而是随便放置，那么要想把所有的大石块、砾石、沙子和水都放进去，难度可想而知。

工作、学习、生活都是一样的道理，要先放大石块，那些既重要又必要的事情就是大石块。如果不优先处理这些要事，恐怕你这辈子都只会庸庸碌碌，一事无成。

多任务管理：高难度多任务也要讲求效率

在第一章中，我提到同时处理多项任务会给大脑带来诸多危害，这里就不再一一细说了。日常生活中，虽然人们很想在某个时间段里只做一件事，但现在很难办到，尤其是职场人士，有时可能突然在某个时间段里任务纷至沓来。对于分派任务的人来说，他希望你能尽快完成任务。然而，接收任务的人却感到头疼，一下子需要处理那么多事情，有些任务难度还比较大，究竟该怎样分配自己的精力，才能既不伤害大脑，又高效地完成任务呢？这就要讲究策略了。

首先，对每一项任务进行评估

评估可以从以下几个方面进行：这项任务的目标是什么？它是否重要？是自己一个人能够完成，还是需要其他人的协调？任务的最终截止期限是什么时候？是需要当天完成，还是可以在数天内完成？哪件任务相对容易完成？哪件任务相对困难？是必须单独完成，还是可以交叉进行？如果评估的结果表明某件事可以在两分钟内完成，那么，请你不要犹豫，立刻完成它！例如，看到书上有一个生字，需要查字典或者用手机上网搜索一下，请你立刻行动，否则时间一长会忘记，下次还是生字。对于需要相对较长时间的任务，开始第二项任务：对单个任务进行分解。

其次，对单个任务进行分解

任务的分解需要先对这项任务进行具体分析：完成这项任务需要哪些

资源？这项任务可以细分为多少个步骤？每个步骤的具体内容是什么？完成这项内容需要的时间是多少？如果分配到每一天或每个时间段，需要完成多少内容？预期的结果如何？是否需要其他人的参与？

再次，对多个分解完的任务进行汇总

如果有不止一项任务，那么每一项任务都要像第二步那样进行分解，然后将所有的任务汇总在一张纸上。

最后，合理安排时间，按优先级排序

任务汇总完成后，就清楚每天需要做哪些事情了。但是究竟从哪件事着手更为关键，不要被长长的待办事项列表吓倒。可以按照优先级对待办事项进行排序。在列表上，按照重要程度对任务进行编号，其中1代表最重要且紧急的事情……按照"要事优先"的原则，先从任务1开始处理。接下来就简单了，开始工作！先处理前面几件事，其他的留到当天晚些时候处理。完成一项，就画掉一项。当你开始从列表中画去这些事情时，会感觉自己有动力继续进行，最终完成整个列表中的任务。另外，如果时间不足，至少最为重要和紧急的事项已经完成了。

注意：（1）不要只顾埋头工作，要时常反省、检查一下，是否按要求完成了当天的任务。（2）无论如何，不要拖延，立刻行动起来，早开始才可能早结束。（3）工作期间尽量排除其他干扰，远离社交媒体，工作没完成不去闲聊。一项工作作为一个时间节点，专注进行，能进入"心流"状态最好。完成一项工作后，在待办清单上画去一条，并可以适当休息一会儿，恢复精力，接着再干。（4）有些任务比较相似，可以集中合并处理。

有了高效率的管理方法，再多再难的任务也可以轻松完成。

放下"未完成执念"，专注于已奏效的事情

有些人或许会有这样的感受：很多事情自己做过后，会很快忘记，而对于那些未能完成的事情，心中总觉得有缺憾，而且印象深刻，总会有一种强烈的冲动，想要去完成它，否则就会始终念念不忘。

这实际上是心理学中与记忆相关的一个效应，叫作蔡格尼克效应，指的是人们天生有一种办事情要有始有终的驱动力。有学者曾做过这样一个实验：她把被试者分为2组，进行22项简单的任务，其中一组要求完成全部任务，另一组在还没有完成时就中途打断，不让他们完成。实验完成后让他们回忆刚才做了哪些任务，结果是：那些未完成的任务平均被回忆出68%，而已完成的任务平均只被回忆出43%。这个实验说明，对未完成任务的记忆比已完成任务的记忆保持得更好。人们确实更在意未完成的任务，对未完成任务存在执念。

还有人做过这样一个心理实验：在地上铺了一张白纸，在上面画了一段圆弧，经过白纸的孩子会自然而然地拿起笔补画一段，让圆弧成为一个完整的圆。这个实验说明，人天生有将事情做完整的倾向。完成了，就能忘记，能放下。而如果没有完成，就会念念不忘，形成执念。

人类天生具有这种"对未完成事情的执念"。如果一件事情确实值得坚持，而且坚持之后能取得预期的成功，那么这种执念是值得的。它使人们产生工作的内驱力，驱动着人们想尽一切办法去完成任务。

但是，有时候太过执着，也未必是好事。一项任务，在执行过程中必然需要多次评估其可行性。如果评估结果显示不可行，根本不值得去做，那么应该执着地坚持还是勇敢地放弃呢？很明显，坚持去做不值得做的事情，其结果就是浪费时间，不如及时止损，寻找其他路径。所以说，并不是每件事情都值得去完成，并不是每一项任务都必须做完。放弃一个不适合自己的目标，你会发现还有更重要、更合适的目标在等着你，自然会产生新的专注力。

比如，每个人都有理想，这一生中想要追求的东西很多，但是否每一件事都要做到最好、做到完美呢？努力执着追求固然是好事，但是，如果一开始追求的方向就是错的，那么这种追求很可能会变成南辕北辙，离初心越来越远。

人们时常出现一种现象，会为"求之不得"而苦恼，却忽略了身边已有的东西。在想实现一个目标之前，不妨先问自己五个问题：第一，这个目标是否有利于社会？第二，这个目标实现的难度有多大？第三，实现这个目标要付出多大的代价？第四，这个目标能否让别人帮助实现？第五，实现了这个目标，我或者身边人会有什么样的成就感？回答完这五个问题后再决定是否坚持。如果对自己和身边的人没有太大的意义，且确实难度很大，需付出极大的代价，不如及时放弃。相反，应珍惜已经拥有的，看看已有的成就，看看哪些事已经开始奏效，专注于那些已经奏效的事情，努力完成它。不要被"做了就一定要做完整"的执念冲昏头脑，毕竟人的时间和精力有限，应该把有限的时间与精力放在更值得的事情上。

有时候，人也需要轻装上阵，对实在无法完成的任务放下执着，专注于正在做的、已经奏效的、能够完成的事情，才能远离困惑与烦恼。坚持正确的执着是一种精神，放弃错误的执念是一种勇气。努力过，奋斗过，一切都是值得的，及时放弃，不丢人。

向下授权，专注于属于自己的责任

高先生是某企业的管理人员，负责公司的大小事务。他最近很苦恼，总感觉时间不属于自己，每天被大量琐事缠绕，尤其是一些紧急且重要的事情不得不处理。很多事情总觉得下属做不好，只有亲力亲为才放心。每天勤勤恳恳、辛苦忙碌，可是成效却不太明显。相信很多人也有类似的苦恼。

在任何单位，需要的不是一个什么都管的英雄，而是一个懂得合理分工、能够团结协作的团队。一个人无论多么才华横溢，也不可能干好所有工作。即使什么都干了，也可能什么也干不好，就像包治百病的药可能什么病也治不了一样。

"事必躬亲"的人多半不善于"授权"。他们可能由于自身能力很强，但对下属的能力不够放心，害怕放权之后控制不好局面。然而，这样做的弊端也是显而易见的：员工感受不到被信任，工作积极性不高，团队凝聚力不强，单位竞争力下降，员工得不到成长和锻炼的机会，管理者最终还把自己累得半死。

某出版家是一个懂得授权的高手。他告诉朋友说："我只担任指挥的工作，具体的事情都交给那些我认为能够胜任的人去完成。因为一个人要想做出一些成就，最重要的就是要有计划，要管理得当，要有所为，有所不为。"

所以说，管理者的业绩不是靠自己来体现的，而是靠全员的共同努力。管理者并不需要事必躬亲，而是要将权力下放，通过授权，使自己从烦琐的事务中解脱出来，减少不必要的压力，腾出时间和精力聚焦于核心和前瞻性的工作目标。这样做还可以增强团队成员的信心，增进彼此的了解，更加团结协作地完成更多工作，提高工作效率。

无论何时，一个优秀的管理者必定是一个懂得授权的管理者。那么究竟该如何向下授权呢？

首先，授权前的准备工作

（1）要分清楚哪些事情可以授权，哪些不可以。生活中，个人的饮食起居，别人无法替代；家庭中，与孩子、配偶的互动别人代替不了；工作上，一些必须自己亲自完成的事情也无法授权。授权的一般原则是：对于一些战略层面的合作沟通和重大决策等，可能需要管理者亲自出面；而一些具体的运营执行，就可以授权给下属来解决。前提是要考虑到工作的重要性和复杂性以及团队成员的能力水平等因素。

（2）要了解被授权人的能力，选对授权对象。管理者要充分了解被授权人是否具备完成任务的能力和知识水平，是否有责任心，是否具有相关经验，能否带领和组织好下属员工完成具体工作。在授权之前，可以进行必要的岗位培训，提高被授权者的各方面能力，以胜任被授权的工作。

其次，明确具体授权时的责任

管理者在授权之前应广泛掌握信息，充分且清晰地解释任务的内容，明确划分责任，明确实现的目标、完成的任务及达到的标准，并给予被授权人明确的指示。授权者还需明确自己的角色。首先，授予权力，说明目标与期望，明确"做什么"，而不是"怎么做"，要充分信任对方，不要随时指手画脚，过多干预，"怎么做"由被授权人自行决定；其次，授权并

不意味着完全成为甩手掌柜，必要时仍需继续履行管理者的职责，给予被授权人必要的人力、物力、财力以及心理支持和协助。

最后，授权后的监督管理

被授权人应及时制订工作方案，及时沟通、汇报工作的进展。管理者仍需承担责任，对授权工作进行追踪。当发现问题与隐患时，提出必要的整改方案；出现困难时，应帮助寻找解决困难的良方。

向下授权运用到家庭生活中，就是适当放手，让孩子自己处理自己的事情，不要养成事事依赖的坏习惯。

为你的"重要他人"创造专注空间

　　要想提高工作效率，管理好时间是关键。这不仅包括管理好自己的时间，还包括管理好别人的时间。在你专注工作的过程中，如果不断地被他人打扰，必然会降低工作效率。因此，在管理好自己时间的同时，也要学会管理好他人的时间。当然，这里的他人不是指所有人，而是和你相关的"重要他人"，要为他们创造出专门的专注空间。

　　所谓"重要他人"，在生活中不外乎家人、亲戚、朋友、老师、同学等；在工作中可能包括你的上司、下属、同事、客户、业务伙伴等。如何让这些重要他人不打扰到你，为他们创造出一个专注的空间呢？

　　有学者创立了"六度分隔理论"：你和任何一个陌生人之间所间隔的人不会超过6个。也就是说，最多通过6个人，你就能认识任何一个陌生人。

　　在工作过程中，你常常会与很多人接触，并会留出专门的时间接待他们，与他们交接、讨论相关事务。根据六度分隔理论，实际上你只需要找到工作中的重要他人即可。注意，不需要过多，最好控制在6人以内（包括6人），将这些人列入你的接待清单即可。

　　当然，这也需要你事先做好准备。在每天的工作过程中，你可以这样安排时间：把上午的时间专注地留给自己，单独处理事务；中午的时间用来休息或陪伴家人；下午的时间用来处理与重要他人相关的协调工作。

当然，这些协调工作也应该和你之前的计划相关。每天计划好要完成的工作，考虑可能需要接触到哪些人。

有学者给出了相关建议，即你可以将重要他人分为3个层次：（1）最密切：即哪些人和这项工作最密切相关？他们可能为你的工作提供哪些支持、反馈或者资源？一般情况下，最密切相关的人是你要完成这项工作最直接的相关人。（2）在接触：即完成这项工作的过程中，哪些人会与你配合或者能够给你提供支持？他们给你的支持、反馈或者资源有哪些？这一层次的人员可能是本部门或跨部门的相关人员，需要和他们沟通、讨论相关解决办法等。（3）会影响：即在完成这项任务的过程中，有哪些人、哪些因素可能会影响他人或者下一步行动，甚至影响整个任务？这些人能给你提供哪些支持、反馈或者资源？

比如，你正在跟进一个项目，这个项目是由你的上司授权给你处理的。那么，上司可能是与你最密切接触的人，他会向你传达任务的要求和目标，让你协调相关人员，并提供一些支持与反馈。接下来，你的项目团队成员可能会与你沟通相关事项。项目可能还会涉及其他部门或单位的相关人员。所有这些你都要在一开始就想清楚，然后规划好与他们会谈的时间，而不是随意地被人打断。

将所有这些因素都考虑进去之后，从中选出不超过6个安排在你的专注时间内，即在下午预约并安排好与他们的交流或讨论。这样就可以避免其他无关人员和事务的打扰。

前面所说的都是工作时间内的重要他人，其实工作之外，生活中的重要他人更需要专注时间的陪伴。8小时之外，多花些时间陪伴家人和朋友，放下手头的工作，远离手机，专心致志地陪伴，多为他们创造一些专注的空间，这势必能为你的生活增添更多的乐趣。

提高会议时间密度的7个技巧

不知道大家是否有过正在专注工作，然后突然被叫去开一个紧急会议的经历和感受？

正在进行的事情突然被打断，等开完会后再想进入工作状态却比较困难，甚至需要十几到二十分钟才能重新进入状态。有些单位会议比较多，主题又不明确，拖沓冗长，浪费时间；有的领导喜欢在工作时间之外开会，还不算加班，严重占用员工的私人时间，致使员工积极性不高，开会效果也大打折扣……

所有这些情况的发生都是因为会议组织者没有科学掌握进行高效会议的技巧。事实上，要想让会议取得较好的效果，必须管理好时间，提高"会议的时间密度"。

有研究认为，70%的会议是无效会议，会议中70%的时间是无效时间。因此，会议不在多而在精，不能为了开会而开会，而是要把会议开在刀刃上，尽量少占用员工的时间，这样才能提高会议的效率，进而提高工作的效率，使会议真正达到预期的效果。

什么是会议？指的是3个以上的人员（其中一人为主持人）为了发挥特定功能而进行的一种面对面的多向沟通。会议包含解决问题的协调会、相关政策的研究会、有模糊方向但需要交流研究出新意见和看法的交流会等。开会的真正意义在于融合各方面的意见，交流各种想法，从而解决一定的问题，并提出新的目标与挑战。最终目的是让目标得以实现，让与会者感到满意并有所收获。

为此，笔者总结了提高会议时间密度的7个技巧，以供参考。

技巧一：只开有目的的会，不开无意义的会

进入正题之前，先宣布"今天的会议主题是……"，让大家带着目标参与讨论，这样才能使大家清楚这次会议的主题及需要解决的问题，保证会议不跑题。一般来说，一次会议只能有一个中心，这样主题集中，能够提高会议效率，避免大家东拉西扯，浪费时间。限定好会议结束时间，有利于集中精力在有限的时间内完成任务。

技巧二：做好会议议程和日程的时间管理

明确会议的具体时间、地点、形式，会议持续时间，每项议程内容，主持人、发言人和记录人的分工等。还要适当考虑会议时的温度、天气等自然因素，避免出现天气太热没有空调、大家没心情开会，或突然下雨影响开会等情况。

技巧三：提前做好通知并发送材料

在会议开始前，将与会议议题相关的材料制作成纸质稿，分发给每位与会者，使其心中有数。这样，与会者可以提前准备好答案。在会议室里，直接进行陈述和讨论，从而达到简洁高效的会议效果。

技巧四：会议形式灵活多样

可以是时间较长、连续几天的大型会议，也可以是每周、每天的例行会议，还可以是晨会（早上刚到办公室时，员工还未完全进入工作状态，通过几分钟简洁的晨会，布置全天的工作任务，相当于正式进入工作状态的一个仪式）或夕会（晚上下班之前召开，目的是总结全天的工作情况）。甚至可以在工作间隙召开"小型会议"，这种会议可以是圆桌会议，也可以不需要会议室，站着交流。关键是要面对面交流，保持及时而细致的沟通，以此了解成员的思想动态，为后续工作提供保障。当无法直接见面时，视频会议也是一个不错的选择。

技巧五：除非万不得已，尽量不开紧急会议

紧急会议可能导致人员无法全部到场，会议准备不充分，关键人物（决策者）准备时间不足，未必能准确地传达相关内容。当然，遇到实在紧急的情况，万不得已时也要灵活应对。

技巧六：会议时间选择上有讲究

尽量选择一个所有与会者都方便的时间，以便所有成员都能参与。每次会议应该有时间限制，最长不要超过2小时。如果需要超过这个时间，必须安排会间休息和茶歇，否则参会人员会产生疲惫心理，不利于议题的讨论和会议精神的传达。对于需要快速得出结论的会议，最好安排在午餐或下班之前。此类会议因为需要短平快，不容拖延，而且与会者也急于结束会议，此时开会效率自然很高。

技巧七：会上做好记录，会后及时监督检查

在会议过程中，全体成员要围绕主题，畅所欲言，根据议题逐条讨论，不要自由发挥，并且做好会议记录。会议记录应包括会上讨论的事项、已经商定的行动计划以及需要跟进的任务。这些内容要在会议结束后及时发出。注意：没有行动的会议是无效的会议，所以会后一定要检查监督，落实会议成果。否则将流于形式，难以取得成效。

相信有了上述7个技巧，大家必定可以通过会议发现问题，共同讨论，集思广益，调动团队的力量，运用更多资源解决问题，从而提高工作效率和时间的利用率。

第七章

管理时间，让"专注时间"不断延长

给大脑装一个时钟，时刻开启"倒计时"

每到中考、高考季，校园里、黑板上也都会有醒目的倒计时牌子：离中考还有（　　）天，离高考还有（　　）天。看到这些，相信莘莘学子立刻会产生明显的紧迫感，觉得时不我待，必须要努力了。

倒计时离人们的生活、工作并不遥远。每年元旦钟声即将敲响时，人们会开始倒计时；在重大的节日如春节，重要的时间节点如奥运会开幕、点火仪式、发令枪响起之前……大家利用倒计时记录一些美好的岁月和关键的时刻，使自己做事更有计划，更具紧迫感、责任感和仪式感。

倒计时有两层含义：一是距离某一时刻越来越近，二是所剩的时间越来越少。子曰："工欲善其事，必先利其器。"准备工作做好了，才能事半功倍。而这个准备工作就是时间管理。为了做好时间管理，科学的方法非常重要。常见的方法有定目标、做计划、列清单、倒计时、设立截止日期、使用番茄钟等，其中倒计时法因简单、实用而使用率最高。

如果不好好利用时间，不努力工作、学习、生活，让时光悄然溜走，蹉跎了岁月，真的就枉过此生了。因此，大家不妨在大脑中也装一个时钟，时刻准备开启倒计时，不让此生虚度。

刘先生就是一个时常为自己开启倒计时的人。他无论做什么工作，都喜欢给自己设一个倒计时牌。比如，某项工作计划在一个月内完成，他就在牌上写着距离完工30天，然后每过去一天就减去一个数字。用他自己的话说：看着数字一天天变小，就知道时间不多了。虽然无形中有了些压力，但正是这种压力成了自己努力的动力。他很喜欢这种像是有只大手推着的感觉。尤其是当数字变为0的时候，他早已提前几天完成了任务，并且也检查过多遍。交接完工作后，他会倍感轻松。

阿红每年过新年的时候一定会买一本可撕日历，她喜欢在每晚睡觉前撕去一张，代表这一天的结束。她说："这一张张日历就是流逝的岁月，看着它被撕下，我感觉自己又充实地度过了一天。"确实，阿红是个很懂得管理时间的人。她每年都有新年愿望和目标，并且将每一天该做的事情都计划得井井有条。虽然年纪轻轻，但凭借自己的努力，她早早坐到了区域经理的位置。

倒计时法虽然简单，但非常实用。刚开始使用时，看着日历一张张被撕去，倒计时牌上的数字一天天变小，确实会有些压力。然而，压力就是动力。如果没有这种压力，就不会有紧迫感，也就容易产生拖延。倒计时实际上是一种警醒，提醒自己时间宝贵，让自己不敢懈怠，勇往直前。

科学设计日程表，优化时间资源

有些人做事全无规划，总被别人推着走，或者浑浑噩噩一天就过去了。在1年前、10年前规划的梦想却怎么也实现不了，这主要是因为没有科学合理地设计好每天的日程表。时间被其他琐事白白浪费，再加上不能坚持，所以一切的努力都是徒劳。

要科学合理地设计日程表，笔者建议最好以"一周"为单位进行。因为有些事情假如你定在今天，但可能会有一些突发事件干扰，实在无法完成。如果放在一周内，比如周一做不了，推到周二或者周内的其他时间都可以完成。这样就不至于太刻板，也能完成任务，相对更灵活一些。

科学合理地安排日程表，首先要清楚自己每天的平均工作时间。还要明确完成某项工作所需的时长，并了解自己在进行一项工作时最长能坚持的时间。因为一旦超过这个时间极限，必然会感到疲劳，从而导致工作效率降低。这时不妨将时间转移到其他事情上，以确保时间得到充分利用。

日程安排表既可以手写，也可以使用电子文档打印出来，还可以利用手机应用程序或者电脑上的专门日程安排软件记录。不管使用哪种方法，都一定要有意识地将脑中的想法输出，落实到纸面上。因为如前所述的蔡格尼克效应，人们对未完成的事情总是念念不忘。当把它们落实到纸面上之后，就不必再花费时间、精力和脑力去记忆它们了，也就可以从大脑中清除这些信息，不再占据大脑的存储空间，从而更好地去完成任务。

可以在每天早上制订当天的工作计划：今天要做哪些工作；每项工作需要花费多长时间；先做哪一项，后做哪一项；等等。目的在于对每天的工作进行结构化的安排和分配。如果任由别人随意打扰，没有自己的计划，那么一天的工作显然无法完成，还得加班。要学会为每项工作设定一个截止时间，并在设定的时间内完成规定的任务。

制订当天计划时，可以在页面的左侧记录时间，右侧记录活动内容。一般时间以1小时至2小时为一个时间段。例如，早上6:00—7:00完成起床、晨练、阅读；7:00—8:30完成早餐、通勤、路上的其他细碎任务等。也可以更具体一些，起床用多长时间，晨练从几点到几点，具体进行哪些训练，阅读多长时间，阅读哪本书，从多少页看到多少页等，都在计划上详细列出。这样一目了然，可以清晰地知道每时每刻自己该做什么。也可以作为以后工作总结的重要凭证。

为了充分利用时间，可以在制订日程时不给自己留有余地，以确保在工作时间内特别专注地完成任务。同时，要养成集中注意力解决每一项任务的习惯，尽量避免中断，因为一旦停下来，需要花费10~15分钟才能重新集中注意力。充分利用上午的黄金时间，尽量在上午专注完成最重要的任务，下午的时间可以用来接见客户、与人互动等。当然，如果出现突发事件打乱了计划，先按照正常计划进行，未完成的任务可以在其他时间段补上。计划应按照重要性排序，并尽量按照顺序完成，实在无法完成时可以取消一些不太重要的事情。计划也要根据实际情况随时调整，并在计划表上体现出来。记住，尽量只做计划清单上列出的事情，未列出的事情先不要做。

休息和娱乐时间也要安排进日程表中，因为人不是机器，需要好好休息、放松。需要拥有自己的兴趣爱好，和家人共处，甚至处理一些突发事件等。可以安排每天锻炼的时间、冥想的时间、午休的时间、小睡的时间，并保证一天正常的睡眠时间。尽量让工作时间专注于工作，其他时间用来处理杂事。一周工作5天，周六周日尽情享受与家人、朋友共处的时光。

每天晚上睡觉前，最好留出一些时间进行总结，看看自己的计划是否合理，完成了哪些任务，还有哪些任务没有完成，遇到了哪些突发事件。这样可以为第二天的日程安排提供参考，以确保第二天的安排不过松或过紧。

掌握好自己的时间实际上是重新夺回对自己的控制权。每个人要实现的人生目标不同，每天要完成的任务也不同，因此，日程安排要因人而异。有些人是"早起的小云雀"，他们可能更善于利用早起的时间；有些人属于"晚睡的夜猫子"，他们可能更善于利用晚上的时间。不管怎样，只要时间资源利用得当，尤其是将零散的时间充分利用起来，就能够优化你的时间资源。

俗话说，磨刀不误砍柴工，就先从每日的日程安排开始"磨刀"吧。相信有了详尽的计划，并每天坚持，一定能取得你想要的成果。

分清轻重缓急，有效提升时间管理能力

所谓"时间管理"指的是一个人在特定的时间里如何能够减少时间浪费，更高效地完成既定的目标。有学者曾经说过：时间管理的重点不在于时间的多少，而在于如何分配时间。你永远没有时间做每件事，但你永远有时间做对你来说最重要的事。

因为人一天的时间是有限的，专注的时间更是有限的，所以应该把所有事情分清楚轻重缓急，优先完成最重要、最紧急和最有价值的事情。

还是再次回到之前提到的四象限法则。

第一象限：既重要又紧急的事，用一个字概括就是"急"。这类事情时间紧迫又影响重大，不得不马上去做。有一些事情确实是突发的紧急事件，需要立刻去做，但是有些事完全是由重要但不紧急的事情拖延出来的。如果提早规划好且做好重要但不紧急的事情，就不会有那么多重要且紧急的事情发生。例如，需要在3个月内完成毕业论文，这是重要但不太紧急的事情，可以事先具体规划好哪天找哪些资料，哪天动笔写多少内容，哪天开始修改，哪天之前可以完工等。一旦规划好了，开始按计划行动，就可以轻松完成。但是一些有拖延症的人只会一拖再拖，甚至拖到最后一天，最后几个小时，硬是把这件重要但不紧急的事情拖成了重要且紧急的事情。

第二象限：重要但不紧急的事，用一个字概括就是"重"。多为一些重要的长期规划等。这个象限里的事情是最重要的，一定要事先规划好，并且要投入大量的时间与精力，还要作为每天待办清单上的第一条，积极主动地争取完成，千万不要把它拖成重要且紧急的事情。

第三象限：不重要但紧急的事，简称"轻"。这类事情常常突然发生，但又无关紧要。如果可以授权给其他人来处理的话，则完全可以放手让别人去做。实在需要自己亲自处理时，也可以先把这事办完，然后再接着做重要的事。

第四象限：既不重要也不紧急的事，简称"缓"。言下之意是可以缓缓再做，甚至不做。但有些既不紧急也不重要的事情也不能完全忽略，因为很难说哪天它也会变成重要的事情。

分清事情的轻重缓急，就是要明确做事的优先顺序。一般的处理原则是，优先处理重要且紧急的事情，不重要且不紧急的事情可以放在后面。时间的分配上也不能平均，应该多分配时间给重要和紧急的事情。在工作中，人们无法面面俱到，有些事情即使按序去做也可能完成不了，这时候就要学会勇敢地放弃。事实上，在把最重要的事情做好后，其他不太重要的事情即使未能完成也无关紧要。

面对堆积如山的待处理文件和信件，有些人感到很害怕，不知道从哪里着手。心理上先乱了，开始眉毛胡子一把抓，结果一件也没做好。这是因为没有掌握好的时间管理技巧，致使事倍功半。美国成功学大师戴尔·卡耐基是一个典型的时间管理大师。有一次，一位公司老板去拜访他，看到他的桌上非常整洁，就惊讶地问他："卡耐基先生，你没处理的信件放在哪里？你今天没干的事情推给谁了？"得到的回答是："我所有的信件都处理完了。我所有的事情都处理完了。"卡耐基能在日理万机的情况下轻松处理好所有事务，必然有他的精明之处。他的答案是："我知道我需要处理的事情很多，但我的精力有限，一次只能处理一件事情。于是我就按照事情的重要性列一个清单，然后一件一件地处理。结果，完了。"那位公司老板尝试着用卡耐基的方法处理事务，几年之后也成了一位成功人士。

卡耐基提出了分清事情的轻重缓急，按照重要性排序，一件一件地处理事情的方法，大家不妨借鉴一下。相信找到合适的方法，你也可以成为时间管理大师。

正确的方法还包括统筹法。华罗庚教授通过"泡茶"的例子介绍过统筹方法。想要泡壶茶喝，当时的情况是：没有开水，茶壶、茶杯、水壶需要清洗，火已经生了，有茶叶。办法一：洗好水壶，灌上凉水，放在火上烧，在等待水开的时间里洗茶壶、茶杯，拿茶叶，等水开了，再泡茶。办法二：先做好一切准备：洗水壶、茶壶、茶杯，拿茶叶，之后再灌水烧水，最后泡茶。办法三：洗好水壶，灌上凉水，放在火上烧，等水烧开了再去找茶叶、洗茶壶和茶杯。很明显，第一种办法最节省时间，还能提高工作效率。这种统筹方法在生活、工作、学习中非常实用，感兴趣的朋友不妨参考一下。

反推生物钟，控制专注时段

时间对每个人都是公平的，一天只有24小时。除去吃饭、睡觉、逛街、游戏等，真正花在工作和学习上的时间并不多。有人曾做过粗略的估算，假如一个人的寿命为70年，他的时间开支大致如下：看电视5.8年，打电话3.5年，步行2.3年，乘车与旅行3.5年，文体活动5.8年，用餐（含准备时间）7年，谈话、交友2.3年，睡眠20年以上。假如他能工作40年，实际工作时间还不到9年，一生中无法利用而浪费的零散时间在7年以上。在工作和学习的这段较少的时间里，能够保持充沛精力的时间就更少了。因此，拥有饱满的精神，保持高效专注的状态，成了很多人梦寐以求的事。

有科学研究表明，一般人每天精力旺盛的时间为2个小时左右。因此，找到属于自己每天最精力旺盛的那2个小时尤为重要。你可以在那2个小时里安排最重要的事情。为此，需要清楚地了解自己的生物钟。

每个人的生物钟都不一样。有的人属于早睡早起型，有的人是早睡晚起型，有的人晚睡早起，还有的人晚睡晚起。早起的人一般在上午更专注，而晚起的人下午可能更有精神。

每个人并不是在所有时间段都能保持旺盛的精力。受体内生物钟的影响，有时候你会注意力高度集中，有时候却很容易注意力涣散。

当某件事情只能在某个特定时间内完成时，你就需要调整一下生物钟了。虽然生物钟有时候并不受人们的决心控制，但只要想调整，还是可以慢慢改变的。为此，你需要从专注时段来反推生物钟：比如，如果你希望上午9:00—11:00是专注时段，你就得早起，至少提前一两个小时，完成洗漱、锻炼、早饭、通勤。如果你习惯睡到8点半才被闹铃吵醒，之后匆忙洗漱、穿衣，早饭都来不及吃就要赶往单位。试想，9点到了，你可能根本无法立刻进入专注的工作状态。任何一个遵守朝九晚五工作时间的单位都不可能因为你是晚睡晚起型的人而允许你下午才来上班。遇到特殊情况，你恰好是学校的老师，还是班主任，则要起得更早。只有你自己调整好了生物钟，才能跟上正常上班的节奏。

因此，即使每个人有自己特殊的专注时段，根据需要，还应该反推出一些特殊的生物钟。即使那个时段不一定是你特有的专注时段，你也应根据需要把它创造成专注时段。

专注的时间段是可以自己创造并加以控制的。你可以有意识地把最重要的工作放在某个相对固定的时间段内完成，这个固定的时间段是根据你的生物钟选定的。如果你是"早起的小云雀"，不妨把上午的一段时间作为专注时间段。如果你是"晚睡的夜猫子"，下午或者晚上的某些时间段可以充分利用起来。无论你天生是什么类型的人，都可以自己决定哪个时间段作为专注时间段。有些人甚至会在上午和下午各准备一个专注时间段。

虽然一般情况下，一个人持续专注超过20分钟后注意力会下降，但通过科学合理的锻炼可以延长专注力持续的时间。然而，专注力时间并不是想延长多久就能延长多久的。人脑的清醒期和产生倦意的阶段会交替出现，通常是90分钟的清醒期和20分钟的倦意期，如此循环。因此，专注一段时间后不妨适当休息一下，然后再进入下一段专注时间。这些专注时间段是可以自己控制的。具体的控制方法是，根据工作或学习的需要，当你想把某个时间段作为专注时间段时，可以提前做准备，通过冥想、深呼

吸、作业亢奋、仪式动作等方式让自己迅速进入专注状态。

在这些专注的时间段里，你可以尝试尽量增加工作量，提高工作效率。原本在其他时间段，由于注意力不太集中，某项工作可能需要50分钟才能完成，但是如果放在这个特定时间段去做，可能30分钟就能完成，这样节省下来的时间可以用来完成更多的工作，效率自然就提高了。如果你能将节省下来的时间用在"自我投资"上，如多读书、多锻炼身体、多向他人请教等，多进行自我提升，就会形成螺旋式上升的良性循环，让自己变得更好、更优秀、更高效。

15分钟定律：小段时间如何发挥巨大价值

在惜时如金的年代，要想提高单位时间内的工作效率，就必须做自己的时间规划师，掌握科学合理的时间管理技巧，让自己在有限的时间里完成更多任务。即使是小段时间，也要让它发挥出巨大的价值。

某商人在进行日程安排时，会将所有工作按照时间划分，而且他认为最小的时间分配单位应该是15分钟。因为人高度专注的状态一般只能持续15分钟，不会超过20分钟。也就是说，15分钟可以看作专注力的一个单位时间。比如，重要会议需要进行同声传译时，译员一般都是3人一组，每人翻译15分钟，然后轮换，依据的就是这个定律。

因此，无论是工作还是学习，我们最好以15分钟为基本时间单位，每隔15分钟小休息一下。以3个15分钟为一个工作单元，45分钟后进行一次大休息。这样可以让我们的专注力持续更长时间。数学教师在一节45分钟的课堂上讲课时，常会先讲15分钟左右，然后让学生做练习，之后再讲，再练。通过这种讲练结合的方式，及时切换左右脑，让大脑获得适当的休息。中小学一节课的时间安排一般都是45分钟，课间有10分钟的休息；大学一节课最多90分钟；一个长时间的会议安排也不会超过2个小时……这些安排都遵循着15分钟定律。

工作中，每个人一定要找到适合自己的工作时限，即某项工作在最专注的状态下需要多长时间完成。然后，尽量在这个时限内完成任务。比如，如果你完成这项工作的时限是45分钟，就不要给自己安排一个小时，以免白白浪费15分钟。

具体操作时，可以利用人在15分钟内注意力最集中这一特点，尝试将较复杂的任务拆分成几个15分钟的小任务。一旦复杂任务被拆解，你就会觉得自己只是在完成一个个简单的小任务，这会让你感觉难度变小，也更愿意行动。因此，越是困难的事，越要分割成小任务，以保证每个15分钟的时间段内工作的效率。

先集中注意力解决好每一个小任务，并且一鼓作气完成。这样养成好习惯后，才可能不拖延。有些人不善于运用简单的15分钟定律，认为某件事可能需要很长时间才能完成，加之觉得比较困难，就一直拖延下去。结果，要么完成不了任务，要么拖到最后才去做，匆忙之中完成的质量也不高。

15分钟时间并不算长，人们更容易接受，不会产生厌倦感。因此，15分钟定律能让你立刻行动起来，随时进入状态。第1个15分钟任务完成之后，你会发现自己已经完成了一部分任务，即使只是一小部分，但毕竟已经开始了。这样，就会让你更有信心接着完成第2个、第3个15分钟任务……不知不觉中任务也就完成了。

为了提高时间的利用效率，要尽量养成一次性完成一件任务的习惯。如果没能一次性完成，再次拾起时，需要重新考虑上次做到哪里，重新梳理思路。而利用15分钟定律，就可以激励你一鼓作气地完成任务，节省大量时间。在工作的某个时段，如果你给自己规定利用15分钟时间集中处理邮件，就可以避免看到邮件后立即回复而造成的其他工作被打断。

15分钟作为一个集中时间段，可以有效避免碎片化时间的浪费。例如，当你等公交车需要15分钟时，意识到15分钟定律，你就不会随意打开手机刷视频、看娱乐新闻、发呆或看风景，任由时间溜走。相反，你会将这15分钟纳入时间管理，将其安排成某项工作时间的一部分。如果你需要学习某个课程，这15分钟就可以被充分利用。

虽然15分钟的时间不长，但如果利用得当，依然可以发挥出巨大的价值！

碎片化时间也可以高效利用

现在的职场人普遍感觉工作繁忙，生活不易。"我太忙了，没时间。"这成了很多人的口头禅。正常上班时间，本应用于处理工作任务，但领导视察、突然来电、客户来访、同事打扰……整块的时间无端被切得零零散散，成了碎片化时间。

碎片化时间，指的是整段时间之外的零散时间。碎片化时间很多，通勤路上、等电梯时、等车时、等人时、散步时、早起时、晚睡时、会议间歇、如厕时……几分钟，十几分钟，二三十分钟不等。

时间虽然不多，但如果能充分积累并利用起来，就能"集腋成裘，聚沙成塔"，做很多事情。华罗庚说过：善于利用零星时间的人，才会做出更大的成绩来。一项研究表明，能合理利用碎片时间的人只占总人数的3%~5%。如果你能有幸成为这3%~5%中的一员，把碎片化的时间充分利用起来，相信你在各方面的发展都会比别人更快一步。

如何高效利用这些碎片化的时间呢？先来看看28岁的职场妈妈冰洁的做法：早上8:30上班，通勤时间30分钟，中午11:30下班，下午2:30上班，晚上6:00下班。每天她会利用做早饭前的时间进行10分钟的运动，每次做饭的间隙收听育儿知识，通勤路上的时间用来背诵英文单词，中午午休后到上班前的这段时间用来看书，晚上到家后做家务，哄孩子睡觉，再利用剩下属于自己的时间集中学习在职研究生课程，自我提升。

作为职场妈妈，冰洁既要上班，又要照顾年幼的宝宝，为了不被时代淘汰，还得不断自我提升。每天各种琐事，如果不懂得时间管理，早已累趴下了。但是，冰洁却把时间安排得井井有条，这完全归功于她能够充分利用碎片化时间。显然，她比同龄人多出了很多时间，生活也更加丰富多彩。

你可以充分利用碎片化的时间来学习新技能、休息、锻炼、整理、阅读、思考，甚至从事工作之外的第二职业。这样不仅无形中延长了你的时间，还能最大限度地提高工作效率。

充分利用碎片化的时间，也许短期内看不出明显的变化，但日积月累，将会取得惊人的成效。宋代文学家欧阳修常利用"三上"时间，即"马上、枕上、厕上"的时间，在骑马外出、上床睡觉、上厕所时构思文章，一生留下了大量佳作名篇。苏格兰诗人彭斯在农场劳动时，利用闲暇时间完成了许多精美的诗歌。

如何充分利用碎片化时间？

有明确的目标

目标一定要具体可行。当你决定该做什么时，要立刻行动起来。如果是用来学习，先要想好学什么，不能盲目地今天看到这个想学，明天看到那个也想学，没有一个整体的规划。学习得比较碎片化，不够系统，反而很乱，学习效果不佳。例如，想学习时间管理方面的知识，就可以专门找这方面的书籍来阅读，听相关课程。你可以使用一些个性化的阅读软件，随时随地开始阅读。

让知识系统化

有些人确实能利用碎片化的时间，只要有空就看新闻、刷微博，但这些内容都比较零散，不成系统，导致知识的碎片化。碎片化学习不等于学习碎片化的知识。因此，一定要找个特定的时间做好笔记，将这些知识整理成体系，以便以后需要时能随时取用。

碎片化学习的好处是时间灵活、地点灵活、方式灵活。比如，做饭时可以利用手机的听书功能，听一些想学习的知识；可以随时拿出纸质书和电子书进行阅读；还可以报名参加一些不受时间和空间限制的网络课程；在散步时背英语单词；推掉不必要的应酬，把应酬的时间节省下来学习；吃饭时还可以和同事边吃边讨论事务……

学会说"不"

有些人因为不懂得拒绝，让一些无聊的人白白占据他们的时间，将时间切碎，使各种琐事缠绕着自己。因此，不妨从现在开始，对一些不想做的事情和一些不想见的人学着勇敢地说"不"。要懂得约束自己的时间，这既是对自己的尊重和负责，也是对别人的尊重和负责。

从现在开始，改掉刷小视频、发朋友圈、打游戏的坏习惯，推掉那些可去可不去的饭局，多与真正对你有帮助的人接触，远离浪费你时间的人。

相信能够充分利用好碎片化时间的人，必将在分分秒秒中创造出更大的价值。

运用"番茄钟"，让自己戒掉"拖延症"

拖延症这个词经常被提及。有人给它下了这样一个定义：明明知道会有什么有害的结果，但还是会一直把计划要做的事情往后拖延，这种行为就叫作拖延症。

小陶自称是个拖延症患者，他说自己从早上起床就开始拖延，闹钟响了一遍又一遍就是不肯起床。好不容易磨蹭起来了，又不想去吃早饭，上班也经常迟到。工作上，老板交给的任务不到最后一天的最后一刻绝不动手。他自己也不知道为什么，每次想改却总也改不掉。当因为拖延耽误了工作被领导批评时，他也会感到自责，产生焦虑、后悔等情绪。但下次遇到事情时，他依然故我，继续拖延。

拖延的习惯不是一朝一夕形成的，往往可以从拖延者的原生家庭找到原因：有些父母对孩子要求过高，比如为了提高孩子的成绩，额外给他布置学习任务，这就会导致孩子因为不想做那些额外的任务而通过拖延来反抗。有些父母怀疑孩子的能力，导致孩子不够自信，遇到困难不敢挑战，于是他就会通过拖延来达到不做的目的。父母包办太多也会导致孩子拖延，拖着拖着，父母看不下去就自动替孩子做了。从这个角度来看，拖延似乎还有不少好处，因此很多人一直坚持下来。

产生拖延的原因还可能是压力过大。当压力累积到一定程度无法承受时，人们会以一种消极怠工的方式来应对。此外，有些人过于追求完美、害怕失败、不懂得自我控制、执行力较差，或者本身容易抑郁和焦虑，这些因素也都是导致其拖延的原因。

其实，拖延现象普遍存在。很多人偶尔会有拖延的时候，不要轻易给自己扣上拖延症的帽子。当你感觉自己有了拖延的习惯时，千万不要过于自责和担心，只要找到正确的方法，依然可以改掉拖延的习惯，戒掉拖延症。

无论是什么原因导致的拖延症，只要先行动起来就行了，而使用番茄钟就是一个很好的方法。番茄钟的出现，很好地解决了时间管理的难题，克服了对庞大任务的恐惧心理，也成了很多拖延症患者的福音。

番茄钟的发明者是意大利作家弗朗西斯科·西里洛。他在上大学时，因为无法集中精力学习，就从厨房找到一个形状像番茄的定时器，通过定时响铃的方式，让自己集中精力几十分钟。因为发现这种方法很有效，他在1992年创立了番茄工作法。这种方法非常简单、实用，目前非常流行。这种工作法简称番茄钟。

番茄工作法将时间划分为一个个番茄时间。每个番茄时间为25分钟。在这25分钟内，集中注意力进行一项工作，不受任何无关事情的干扰。当计时器响起时，进行5分钟的短暂休息，然后再继续下一个番茄时间。完成4个番茄时间后，可以休息较长的15～30分钟。

所需工具：1支笔、2张纸和1个定时器（可以是专门的计时器、手机闹钟等）。

具体操作：首先在一张纸上记录今日待办清单，另一张纸上记录番茄时间。然后设定好番茄时间，先在1个番茄时间内专注完成待办清单上的第1项任务（注意：任务可以按照以前提到的四象限法，根据重要性和紧急性进行分类，第1项是最重要的任务。这项最重要的任务还可以按步骤细分，明确先做什么再做什么）。当25分钟铃声响起时，起身休息5分钟，然后进入下一个番茄时间，以此类推。同时，还可以顺便查看这项任务究竟需要多少个番茄时间。

注意：在番茄时间内，有时可能会受到一些干扰。这些干扰可能来自内部，也可能来自外部。

当心里突然想到要削个苹果吃或者突然想玩游戏时，这些干扰被称为内部中断。应对内部中断最好的解决办法是在番茄记录表后面加上"内部中断"一栏，并在里面记录下来，然后继续进行任务。在这个番茄钟结束的休息时间去处理这些中断。

还有一些干扰可能来自外部，比如领导突然找你谈事情或者接到一个重要电话，这些都很紧急，不得不打断番茄钟，这些干扰被称为外部中断。可能这个中断花了你五六分钟时间，但不管多长时间，应对外部中断的办法是遵守"不可分割原则"，即25分钟就是25分钟，这个时间不能中断，一旦中断，只能舍弃这个番茄钟，开始一个新的番茄钟。如果那个计划外的外部中断不紧急，就可以等这个番茄钟结束后再去处理。当然，如果非常紧急，请立即去处理。

不妨在番茄记录表下面加上"外部中断——计划外任务"一栏。如果这项计划外任务需要的时间较长，也可以用番茄钟方法来计时完成。完成之后应立即回到原定任务中。前面被打断的番茄钟需要重新开始计时。每个番茄钟过程中，最好记录下工作进行到哪一步，以便下次重新开始时不至于忘记进度。

由于一个人最佳的专注时间通常不会超过25分钟，所以可以通过设置番茄钟的方式来提高工作效率。每工作25分钟休息5分钟，然后不断循环。只要能够坚持下去，就可以很好地控制专注力。通过番茄工作法，你可以将单位时间切割成小块，把艰巨的大任务分割成一小块一小块的小任务，通过逐个击破小任务，最终完成大任务。有了这种简单的方法，相信坚持使用下去，对于有拖延症的人会有很大帮助，至少可以让你一点一点地开始行动。

记住：即使1个番茄钟结束时你的工作或任务没有完成，也并不代表你做得不好，反而说明在过去的25分钟里，你已经促进了工作的进展或任务的推进。因此，不妨为你的每一个番茄钟点赞。

缩短你的"中断响应时间"

"小万，帮忙看看这个问题怎么解决？""小万，快来看看，你这个数据好像出错了！""小万，总经理让你去一下办公室！"……刚刚参加工作不久的小万是办公室里最忙的人。由于他的学历较高，再加上单位里老职工较多，有些难题总会让他处理，所以小万俨然成了办公室里的"万金油"，什么事都要干。小万常常在自己专注工作时，不是这个同事来打扰一下，就是突然出现一件亟待解决的事情，让他的工作不停地被打断。打断之后再重新开始做原来的工作时，又得从头再来个适应过程，花费了不少额外的时间。这个重新进入状态的适应时间就是"中断响应时间"。

有调研发现，办公室职员平均每11分钟就会因为一通电话、一封电子邮件中断手头的工作，或者因为同事的打扰而暂停工作任务。而他们要把注意力重新聚焦到原来的工作任务上，至少需要花费25分钟。这个25分钟是一个平均值，每个人的中断响应时间并不相同，有的人一旦被打断，就很难再回到原来的状态，而有些人却能很快恢复到被打断前的状态。被打断意味着一会儿要做这件事，一会儿要做那件事，相当于进行了多项任务，无形中增加了时间成本。

那么，如何才能缩短中断响应时间，提高自己的工作效率呢？

被打断后较慢地进入工作状态，可能和你不会分解任务有关。如果你的工作场合和工作性质注定经常被打断，那么你就要学会将任务分解成小段，可以以15～25分钟为一个阶段。在这个专注时间里，坚决不要被打扰。即使遇到紧急事件，也不妨先完成当前专注时间段内的任务，并做好相应的标记和说明，然后再开始处理其他事情。你可以事先和大家沟通，或者事后解释自己的做法，征求对方的意见，获得他们的理解。当然，前提是你要有良好的人际关系，否则别人不仅不会理解，反而会责怪你。

处理完紧急事件后，运用你的仪式化动作立刻回到原来的任务中。由于任务已经被分解，而且某些小段已经完整地完成了，所以接着开始下一小段时，不需要重复之前的内容，可以直接继续。

较慢进入工作状态可能与你的时间安排不合理有关。你需要事先了解清楚哪些时间段可能会被打扰，并在这些时间段安排一些简单、不需要动脑筋、即使被打断也无关紧要的工作，比如复印文件、整理材料等。在不会被打扰的时间段安排重要的工作，这样就可以专注地完成任务。

较慢进入工作状态还可能源于你的不自律。偶然被打扰是很正常的，如果你能够自律地认识到这是正常现象，并且相信自己能够很快恢复到专注状态，那么在这种积极的心理暗示作用下确实可以迅速回到工作中。但是，有些人可能以此为借口，给自己开小差的机会，拿出手机看看花边新闻，或借机找别人聊聊天等，无形中拉长了中断响应时间。

总之，时间是自己的。你可以选择在前期多抓紧些时间，把工作紧凑地完成，留下更多自由支配的时间，而不是在前期浪费大量时间，导致后期手忙脚乱。因此，请尽量缩短中断响应时间，确保高效地完成工作任务，成为一个高效的时间管理达人。

运用"最后期限"破解"帕金森定律"

还记得小时候写假期作业的场景吗？假期一到，有些孩子第一时间想到的就是假期才刚刚开始，时间尚早，并不急着写作业，而是吃喝玩乐各种潇洒，就是不肯动笔，直到假期结束前几天才开始疯狂补作业。有的孩子甚至到开学了还没有补完作业，以至于在学校受到老师的批评。

为什么会出现这种现象呢？明明有一个假期的时间，为什么却没能完成任务呢？这可能与心理学上的"帕金森定律"有关。所谓的帕金森定律就是：如果人们认为完成任务的时间比较充足，就不会早早地完成任务，而是会给自己增加很多多余的无用事情来填充多出来的时间。简单地说，就是预留的时间越多，工作完成得越慢。显然，这样就造成了时间上的浪费和工作效率的低下。受到帕金森定律的影响，本来几分钟能解决的问题，在不限定时间的情况下可能会被拖上好几天。比如，小欧的妈妈要去外地，需要买机票，小欧早早就答应了，但迟迟没有行动。如果立刻在手机上操作，几分钟就能解决问题，但小欧一直拖延到临行的前一天晚上才在妈妈的反复催促下仓促买好机票，票价贵不说，还差一点耽误了妈妈的行程。

破解帕金森定律最好的办法就是运用好"最后期限"。最后期限指的是最终的截止日期。如果小欧在接到任务当天设定买机票的具体时间节点，可能早就解决问题了。对于很多事情，尤其是重要但不紧急的事情，有些人也和小欧一样，倾向于不着急，往后拖延。有时候拖着拖着，说不定就拖黄了。比如，张军一直觉得学外语很重要，也很想学好外语，他几乎每年都立志要开始学习，但因为没有给自己设定最后期限，所以一天一天地往后拖延。再加上他工作一直很忙，拖着拖着自己都忘了，学外语的事也就此搁浅了。

因此，要顺利完成任务，设定最后期限是非常有必要的。如果在做任何事情时都给自己设定一个最后期限，并且尽可能在这个期限之前完成，一定会极大地提升工作效率。设定最后期限能够激发人的创造力和潜能，让人以不可思议的创造性完成任务。

为什么这么说呢？来听听两位朋友的切身体会吧！小杨最近接了一项替某公司画设计图纸的工作，这是他学习平面设计之后第一次接任务，并且和公司签订的合同要求一周内完成。由于这本身是他的副业，他白天还要做其他工作，所以只能利用早晨、晚上、周末以及其他零碎时间来完成任务。时间紧任务重，小杨一开始也有些犹豫，但为了检验自己的学习成果和实现自己的价值，他决定接受挑战。这一周的期限就是一个最后期限。小杨每天都会给自己规划好应做的事情，并要求自己必须完成。很快地，他在第四天完成了初稿，并提交给公司审核，请公司提出修改意见。再经过两天的调整，虽然起早贪黑，历经艰辛，但小杨圆满地完成了任务。同样学习平面设计的小许也想试试自己的实力，但由于没有和公司签合同，也没有交稿日期，小许的图纸画画改改，再加上其他工作的耽误，一直没有画完，最后不了了之。

有了最后期限，实际上是在无形中给自己增添了一种紧张感，使自己注意力更加集中地努力完成任务。为此，需要提前做好规划，事先预估完成任务所需的总体时间，学会任务分解，设定最后期限，并按计划如期完成，这样可以避免出现前松后紧以及无法完成的情况。当然，如果只是设定最后期限，而不提前做好规划，不立刻照此执行，也是达不到预期结果的。

此外，你还可以将最后期限适当提前，预留出修改的时间，效果将更好。小杨每次工作都能出色完成，很大程度上得益于他给自己设置最后期限时留出了提前量。如果老板要求在一个月内完成任务，他往往会设定第25天作为最后期限，预留5天时间提前交给老板并讨论修改。而且，每次拿到任务他都会第一时间行动起来，绝不拖延，即使最后期限没到，也能高效完成任务。

因此，如果不设置最后期限，就很容易导致拖延，进而产生较大的心理压力，导致焦虑、紧张等负面情绪。相反，当人们为每件事都设定一个最后期限时，就会有行动的驱动力。而且，努力之后，即使在最后期限到来时没有完全完成任务，至少对事情和自己都有了一个交代，这将极大地缓解焦虑情绪。

相信聪明的你一定能够为所有事情设定好最后期限，并且提前规划，预留出修改完善的时间，发挥出自己最大的潜能！

第八章

恢复精力，为你的专注力补充"能量"

确保高质量的睡眠时间，让精力有效恢复

知道吗？人的一生大约有1/3的时间是在睡眠中度过的，但这却决定了剩下2/3的时间。世界卫生组织的调查统计显示，大约27%的人存在睡眠问题，其中80%的人并不把它当回事。睡眠质量的高低直接影响人们的健康以及工作、学习和生活的质量。

许多人忙于应酬、工作、家务、育儿……一些人甚至不得不以牺牲个人睡眠时间来换取事业上的成功。也有一些人沉迷于电视、网络和游戏。一开始可能有些困倦，但越看越兴奋，越玩越兴奋，反而睡不着觉。结果就是"夜里翻来覆去，白天哈欠连天，一上车就瞌睡，一看书就想睡，坐着也能睡着，没办法好好工作与学习……"所有这些都是睡眠质量不高的表现。睡眠质量不高还会影响身体健康：导致内分泌紊乱、血压变化、血糖变化，损害记忆力、思维力和专注力，并增加患老年痴呆的风险。

睡眠的时间因人而异，有人需要很短，有人需要很长。有学者认为：短时间睡眠是由遗传因素决定的。有些人天生只需要很短的睡眠时间也可以精力充沛，比如拿破仑，据说他每天只需要睡3个小时左右。如果你也天生携带了短时间睡眠基因，就没必要勉强自己一定要睡足多长时间。但如果你睡得很少，严重影响第二天的工作效率且影响个人健康，还是要找到适合你自己的睡眠时间。

什么是高质量的睡眠？有学者提出：只有在大脑、身体、神经都处于最佳状态时，才能真正实现高质量的睡眠。高质量的睡眠可以让大脑和身体获得充分的休息；还能整理记忆，让其扎根于大脑之中；调节激素的平衡；提高免疫力，远离疾病；排出大脑中的废弃物。

高质量的睡眠具备以下标准：（1）入睡快，大约10分钟内入睡；（2）睡眠深，呼吸均匀，不易在睡眠中惊醒；（3）晚上无起夜或很少起夜，不会从睡梦中惊醒，醒后很快忘记梦境；（4）起床快，起床后精力充沛，心情舒畅，周身舒适，无疲劳感或无力感；（5）白天头脑清醒，不犯困，工作效率高。

想要获得高质量的睡眠，有必要了解一些关于睡眠周期的相关知识。

睡眠周期因人而异，通常以90分钟为一个周期，但一个周期为90～120分钟也是可能的。只要确保入睡不久后出现深度睡眠即可。进入深度睡眠的时间被认为是睡眠的黄金时刻。每个周期都包括"非快速眼动睡眠"和"快速眼动睡眠"，共分为5个阶段。

（1）非快速眼动睡眠的入睡期——大约占5%，时间较短，一般持续1～7分钟，是从清醒进入睡眠的转变阶段，此时呼吸、心跳、眼球运动变慢，脑电波开始缓慢。

（2）非快速眼动睡眠的浅睡期——比入睡期更深，约占50%，此时体温下降，心跳和呼吸变缓，肌肉进一步放松，眼球运动停止，脑电波活动更慢。

（3）非快速眼动睡眠的熟睡期和深睡期——约占20%，此时心跳和呼吸降到最低，肌肉彻底放松，脑电波变得更慢，睡得非常深沉，恢复肢体和内脏功能的效果最好。

（4）快速眼动睡眠——占比25%，此时眼球迅速转动，呼吸和心跳加快，血压升高，这个阶段最容易做梦。然后进入下一个睡眠周期。通常情况下，一夜会出现4~5个睡眠周期。

虽然成人的每日建议睡眠时间为7~9个小时，但如果睡眠时间有限，请务必确保进入深睡眠阶段的时间，从而在有限的时间内最大限度地保障睡眠质量。如何做到这一点呢？可以进行以下调整和改变。

营造一个安静、舒适、黑暗、温和的睡眠环境

晚上睡觉时考虑使用遮光窗帘、眼罩等，确保环境黑暗，使人体自然分泌褪黑素，帮助睡眠，延缓衰老，提高免疫力。白天尽量多出门，多见阳光，明亮的光线可以抑制褪黑素的分泌，让你白天更有精神，夜晚睡眠更好。不要在床上使用手提电脑工作，不要玩手机、看电影、看电视或玩游戏，因为这些行为会加强卧室与觉醒之间的关联。有些人认为睡前看看书或听听音乐是一种催眠，但对于失眠患者来说，同样的行为可能会强化失眠。因此，最好的办法是只将卧室当作睡觉的地方，不要在卧室里做与睡眠无关的事情。即使睡不着想看书时，也请离开卧室去看，等到有了困意再回到卧室休息。

调整对失眠的认知

即使经历了一整晚的糟糕睡眠也是被允许的。不必纠结睡了多长时间，只要第二天醒来精力充沛，就是好睡眠。即使偶尔失眠也无所谓，千万不要因此觉得自己会一直失眠。因为越焦虑越睡不着，不如放松精神，反而可以轻松入眠。有学者解释道："相比强迫自己睡觉，或者过度沉湎于尝试修复睡眠时间，有些人在释怀并且与发生的一切自然共处后，反而受益良多。这种解决睡眠的方法被称作正念训练，研究表明其对提高睡眠质量非常有效。"

几个助眠小窍门

固定睡眠时间（最迟选择10点半睡觉，保证在11点时能很快进入深睡

眠状态）；睡前按摩头皮，放松神经；洗澡或泡脚；静坐冥想几分钟；喝一杯助眠的牛奶，少喝咖啡、浓茶、酒精饮料等。如果实在存在严重的睡眠障碍，不妨去看看医生，在医生的指导下科学使用助眠药物。

希望每个人都能拥有高质量的睡眠，让自己的精力得到有效恢复，从而提升专注力，提高工作效率。

坚持早起：助你成为专注高效的"晨型人"

喜欢熬夜吗？早上只有闹钟才能叫醒你吗？周末不上班的时候会睡到很晚才愿意起床吗？早上头脑不清醒，到下午5点过后才特别有精神吗？如果是这样，你就是一个"夜型人"（有人通俗地称为"夜猫子"）。"晨型人"（也叫勤劳的"小云雀"）则正好相反，他们往往不需要闹钟，能自然地早早醒来，白天精力旺盛，尤其是上午头脑很清醒。因为早起，所以晚上会早早感到疲倦，也会早早休息。现在的年轻人中，"夜型人"比较多，也很享受夜生活。两者相较，"晨型人"具有更独特的优势，且做事更加专注和高效。

为什么这么说呢？原来早起有很多好处。

（1）顺应自然规律。一年之计在于春，一日之计在于晨。古人"日出而作，日入而息"是有道理的，"晨型人"恰好顺应了自然的睡眠规律。中医认为，21：00—23：00，三焦经当令，此时阴气将至极盛，阳气低落，是人们结束一天生活，进入梦乡的时刻。夜里的两三点恰好是睡眠质量最高的时间段。而"晨型人"恰好会在21：00—23：00开始入睡，夜里两三点钟时再次经历修复性的深度睡眠阶段，保证了充足的睡眠，没有黑眼圈，精神饱满，第二天精力更加充沛，充满活力。

（2）普遍做事高效。规律的生活会让你提前规划，主动实践，赢得更多的时间。你可以利用早起的时间看书、运动、从容吃早饭、赏风景、准备工作计划……感觉"白天"的时间无形中被拉长了，似乎比别人多了2个小时，对时间更具掌控感，很少产生焦虑情绪。有学者研究表明：99%的名人都有早起的习惯。晚清名臣曾国藩不仅自己一辈子早起。

相反，"夜型人"则往往习惯于因各种原因而熬夜，导致第二天起不来，从而严重影响了工作与生活。

对于这些天生属于"夜型人"的人来说，学校和单位并不会因为你是"夜型人"而允许你白天睡大觉，晚上来上课或上班，更不会允许你白天在学校或单位打瞌睡，导致学习和工作效率低下。所以，要想取得与"晨型人"一样的专注度和工作效率，即使是"夜型人"也需要做一些适当的调整，让自己慢慢变成"晨型人"，确保晚上拥有充足的睡眠，以保证白天有充沛的精力来好好学习和工作。

事实证明，只要你愿意调整并坚持，确实可以改变生物钟，成为勤劳高效的"晨型人"。具体可以参考如下做法。

确定一个早起目标

首先，要明确自己早起要做些什么。作为成年人，我们都需要上班、学习，有的人甚至晚上回家还要加班、照顾孩子和老人。因此，自己能掌控的时间可能只有早上。你可以给自己设定一个早起的目标，规定自己利用早起的时间做一些想做的事情或者准备工作，让自己的时间更充裕。例如，规定自己早起看书、锻炼身体、做早饭、吃早饭、从容地上班而不用挤地铁等。有了目标才会有行动的动力。

确定一个起床时间

一开始你可能需要闹钟，但人的身体和心灵经过训练后可以在你想要的时间醒来。刚开始时，你可能不会像闹钟设定的时间那样准时起床，甚至可能听到闹钟后就把它关掉继续睡。所以，如果你想早上5:30起床，可以先从6：30开始练习。第1天设定6：30的闹钟，争取6：30起床；第2天设定6：20；第3天设定6：10……以此类推，每天比前一天早起10分钟，给自己一个逐步适应的过程，直到达到目标的5：30。然后每天坚持5：30起床，一般来说，如果能坚持21天，这个早起的习惯就基本养成了。

每天坚持才是王道

有些人周一至周五上班时间确实能够坚持不熬夜，但到了周末两天就故态复萌，熬夜、放飞自我，导致下一周开始又得重新培养习惯。所以，不如在周末也一样坚持早睡早起。坚持很重要，先连续坚持21天，确保闹钟一响就立刻起床。如果一开始自己做不到，也可以请家人监督。

早起的前提是早睡

如果晚上熬到很晚，第二天还要早起，势必会压缩睡眠时间，这样对身体是有害的。第二天即使早起了，工作效率也不会很高。为了避免熬夜，不妨尽量做到睡前不看手机，不玩游戏，保持良好的睡眠环境，必要时可以放一些催眠音乐，养成在11点之前睡觉的好习惯。

对自己适当奖励

如果一段时间以来，你确实坚持做到了早睡早起，不妨适当奖励一下自己。可以在一周、一个月、半年、一年这些时间节点上给予自己物质或精神方面的奖励。

养成坚持早起的习惯吧，你会发现自己更有动力，有更多的事情等着你去做，生活更富足、更快乐，工作也会更专注、更高效。相信未来的你一定会感激现在努力的自己！

晨练5分钟，为大脑和身体"充电"

健康的身体与大脑离不开体育运动，这一点大家早已形成共识。有些人会选择早起散步、晨跑、练瑜伽等，有人会在吃过晚饭后漫步、跳操、遛狗等，有人会去健身房，有人会去游泳馆……其实，如果你没有那么多的时间与精力进行大量的锻炼，每天只需5分钟进行晨练，也一样能够达到锻炼的效果。

晨练时可以选择俯卧撑、开合跳、广播操等运动。即使是简单的挥拳、舒展身体、爬楼梯，或者练习八段锦也是很不错的选择。科学的晨练作用非常显著，能够加快血液循环，燃烧卡路里，增强心肺功能，提高机体的灵活性和大脑的活力，改善睡眠，改善神经系统功能，并提高机体的抵抗力和免疫力。

晨练的时间和地点的选择有讲究：如果是在夏季，一般选择在早上五六点开始，冬天则可以稍晚一些，在六七点钟开始。注意，不要过早外出晨练，因为那时植物仍在排放二氧化碳。户外晨练可以选择绿色植物比较多的地方，常见的如公园、小区广场等处。因为那里充足的氧气和清新的空气能更好地激发你晨练的热情，对身体也大有益处。遇到雾霾或雨雪天气，尽量在家中进行晨练，因为这样的天气容易因空气质量不高而引发气管炎、咽喉炎、鼻炎等疾病。

有几点要特别注意：首先，晨练的目的是促进机体循环，保持生命活力，并为接下来一天的工作打下坚实的基础，所以千万不要晨练完之后再去睡回笼觉。晨练之后本身就可以保证精力充沛，根本不需要补偿性地睡回笼觉。此时神经系统比较兴奋，不易很快入睡，即使睡着，不久又要起来，反而达不到休息的目的。其次，起床时由于人体血糖水平较低，晨练前尽量不要进食早餐，可以准备一杯温开水，加一点蜂蜜饮用，以免晨练时出现低血糖症状。晨练结束后也不要立刻进食，以防由于运动后短时间内胃肠蠕动减弱，未经适当休息立即进食而引起的消化不良。最后，还要注意晨练后不要用凉水冲澡。锻炼后皮肤毛孔会扩张，此时洗冷水澡容易引起毛细血管骤然收缩，导致身体抵抗力下降，易引发疾病或发生意外。

通过晨练，肌肉能够紧张起来，而大脑则可以得到休息，这样既能缓解压力，又可以让人迅速投身于专注的工作之中。晨练的作用不容小觑。事实也证明，长期的简短锻炼比偶尔的剧烈运动更加有效。所以，从现在开始，每天坚持晨练，提高身体的抗病能力，做一个积极健康的职场人！

白天小睡15分钟，重新启动大脑

为了整合各种信息，人的大脑需要定时休息，否则可能会出现注意力不集中的现象。有些人会选择在感到疲劳时喝杯咖啡，但咖啡中的咖啡因提神作用只是暂时的，并不能从根本上消除疲劳。真正最好的做法还是睡觉。

对于工作压力较大的人以及前一天晚上没有睡好的人来说，白天工作之余偶尔小睡一下是个不错的选择。不需要多，15分钟就可以减轻身体的疲劳和大脑的紧张感，使你重新打起精神，充满活力。此外，小睡还可以改善你的情绪，减小压力，降低焦虑。通过补充夜晚睡眠的不足，给大脑补充能量，恢复精力。既提高了身体免疫力，又提高了大脑的专注力，从而提升工作效率和生活的幸福感。

一项研究表明，即便是非常短暂的日间小睡，也能增强大脑的记忆处理能力。另一项研究也发现，每日午后小睡10分钟就可以消除疲乏。还有研究显示，适当的午睡可以调节体内激素平衡，降低冠心病的发病风险。因此，如有可能，在白天的某个时刻，不妨将手机设置成免打扰模式并调好闹钟，即使睡不着也没关系，重要的是你利用这段时间闭上眼睛，放空头脑，让疲惫的大脑重新启动。如果没时间小睡，不妨闭目养神几分钟，做做冥想、深呼吸也能起到同样的效果。

虽然小睡有益，但并非对所有人都适用。有些人在小睡后反而会感到

头昏脑涨，还会影响晚间的睡眠。如果小睡后出现此类状况，建议取消小睡。

小睡一般可以选择在午后或黄昏时进行，有些人也可能随时随地小睡。无论如何，有几个方面需要特别注意。

小睡的时间不宜过长

小睡只会让你进入第二阶段的"非快速眼动睡眠期"，即浅度睡眠阶段，而非深度睡眠状态，因此只需要很短的一段时间。如果一睡就是一两个小时，则不再叫小睡。因为睡眠时间过长反而会导致体温下降，容易受凉，醒来后也会感到困倦乏力，睡眼惺忪，对眼前的工作失去判断力。正常情况下，晚上才应该进入深度睡眠状态。如果在白天就进入了深睡眠状态，则会影响晚上的正常入睡，即使入睡了也较难进入熟睡状态，从而严重影响第二天的学习、工作与生活，使白天精神萎靡不振，不断打盹儿，形成恶性循环。

不要饭后立刻小睡

刚吃完饭，体内的血液会集中到肠胃等消化系统。如果此时立刻小睡，容易使食物热量在体内囤积，导致肥胖，还会加重胃肠道的消化负担，造成消化不良，并诱发胃部和肝胆问题。餐后可以稍微简单地走动或者靠墙站一会儿，待消化一段时间后再小睡。一般建议在餐后20分钟以后再进行小睡。

不要趴在桌上小睡

有不少人习惯趴在桌上小睡，但这种姿势对健康极为不利。因为人在脸朝下趴睡时，呼吸容易受阻，导致呼吸不畅，脑部供血也会受到影响。有些人在趴睡时喜欢枕在手臂上，这容易导致手臂因长时间受压而出现血液循环不畅、发麻等情况。有的人睡醒后会不停地打嗝，这也可能与趴睡有关。血压偏高的人更不宜趴睡，因为这容易导致血压大幅波动。

小睡后应尽量缓慢起身

有些人小睡后起身很快，但这种方式尤其对血压较高的人不利，容易引发血压升高，进而对心脑血管造成伤害。

调整坐姿，让紧绷的身体放松

上班族不得不面临久坐的困扰。尤其是经常进行文字工作的脑力劳动者，每天坐在办公桌前，面对电脑，只有手在动、脑在动，身体却一直紧绷在那里。工作时一坐就是半天，根本顾不上活动。如果坐姿不正确，很容易导致各种问题。

有些人坐着时常会不自觉地含胸，这样极易导致骨盆后倾、腰椎弯曲。还有人喜欢跷二郎腿，殊不知如果将右腿跷到左腿上，容易导致右侧腰大肌和腰方肌拉长、变得紧张，反之则左侧紧张。长此以往，会导致腰椎、骨盆和胯部的疼痛，脊柱侧弯，腰椎间盘突出等。有些人电脑放置过低，导致始终要低头操作，很容易造成颈椎部骨质增生或钙化。有时偏头疼、胸下垂、鼠标手、颈椎僵硬、僵尸背和大象腿、关节僵硬、手脚发麻、眼睛酸涩、浑身各种疼痛、圆肩、驼背、骨盆前倾等各种状况，可能也与坐姿不正确相关。

正确的坐姿要满足3个90度。

小腿与大腿呈90度

此时要注意双脚着地（如果无法着地，可以在脚下垫些东西），不要交叉双腿，不要跷二郎腿，以免阻塞血液循环，及导致肌肉紧张。双脚、双膝应朝向正前方。

大腿和后背呈90度

如果身体前倾，则下背部容易弯曲成弓形，导致肌肉紧张；如果身体后倾，则容易驼背，引起疼痛、紧张或导致椎间盘损伤。因此，身体应保持笔直，确保脊椎拉直，使上半身重心落在坐骨上。腰腹部应保持一定程度的收紧，以维持脊椎的姿势。可以尝试轻轻地来回晃动几次，确保坐在骨盆底下的两块坐骨上方。如果有座椅靠背，不妨将肩胛骨靠在椅背上，保持上身笔直，颈部直立，下巴尽量不靠近脖子，给头部一定的支撑。

前臂与上臂呈90度

两肩齐平，自然放松。伏案看书或写字时，头和上身稍微前倾，胸部与桌子保持一拳的距离，两臂平放在桌面上。写字时，通常右手执笔，左手按纸，纸要放正，注意正确的握笔方式。

办公、学习桌椅的选择也要讲究。事实证明，符合人体工程学设计的桌椅可以适当地支撑身体，减少坐着时对骨骼和肌肉的压力和摩擦。因此，椅子要尽量根据个人需要的比例和曲线进行调整。使用电脑时，最好选择一个高背椅来支撑头部和颈部。还可以利用电脑支架，确保眼睛正好能够平视电脑桌面，电脑屏幕的中间刚好与使用者的下巴在一条水平线上，两者距离不要过近也不要过远，原则上保持约35厘米。

注意，尽量采用腹式呼吸法，此方法有助于最大限度地正确发挥肌肉群的作用，而良好的坐姿恰好有利于顺畅地呼吸。

虽然正确的坐姿可以缓解肌肉的紧张，但久坐仍然会引发诸多问题。因此，在工作和学习过程中一定要避免久坐。早在2003年，世界卫生组织就提出，全球有200多万人因久坐而死亡。久坐现在已经被世界卫生组织列入十大致病元凶之一。持续坐1小时以上就可以算作久坐了。

所以，大家不妨每隔30～60分钟就起来走动一下，舒展四肢，活动手腕，伸伸懒腰，上个厕所，起身倒水等，这些做法都可以促进血液循环，减轻久坐对身体的危害。此外，每隔20分钟左右变换一下坐姿，做一些简单的肌肉放松练习，即使是坐着弯腰、耸肩、抖腿、深呼吸，都是不错的选择。

有一种简单的方法可以通过调整坐姿和呼吸来瞬间提高专注力，大家不妨试试：坐在椅子上，将一只手放在头顶，掌心向下，并轻轻地按压头部。同时收紧下巴，背部肌肉向上伸展。然后将放在头顶的手放下，向上耸肩并保持2～3秒。最后，双肩迅速自然下垂，身体就会瞬间放松下来。

坐姿的调整需要一个长期的过程，也要形成一种意识和惯性：只要坐下来，就一定要保持良好的坐姿，以保证呼吸顺畅、自然放松，并高度专注。从现在开始调整好坐姿吧！相信坚持的你一定会不自觉地回归到最佳状态。

停止"报复性熬夜"，保证24小时精力"收支平衡"

周慧是个三十几岁的宝妈，因为白天工作忙，还要照顾孩子、做家务，属于自己的时间很少。于是，她常常在晚上孩子熟睡之后，舍不得睡觉，刷白天没时间看的剧，一刷就停不下来。虽然她也知道熬夜有损身体健康，但就是舍不得睡。

二十八九岁的李亮，生活丰富多彩。他白天总是很忙，有各种不得已的应酬。晚上有很多想做的事情，比如追剧、打游戏，有时朋友还会喊他去蹦迪、吃消夜，每晚他都很晚才休息。

正在准备在职研究生考试的孙琳琳，白天要上班，看书备考只能放到晚上。她感觉晚上的时候更安静，更不会被人打扰，于是常常看书到夜里两三点钟。等她想睡觉时，却怎么也睡不着……

这些都属于"报复性熬夜"。报复性熬夜是在网络上流行起来的一个词，意思是白天由于各种原因，有很多未实现、未满足的愿望，想通过熬夜补偿回来，目的是证明自己仍然能够自由支配时间。虽然有些人是出于无奈（白天太忙），但也有些人是出于空虚无聊、紧张焦虑而采取的一种放任行为。虽然知道熬夜不好，但还是要熬夜。很明显，这是一种牺牲自己健康的生活方式，是不可取的。

出现报复性熬夜的所有人群中年轻人占比较大。年轻人为什么会出现报复性熬夜呢？有学者认为，年轻人的报复性熬夜是一种过度补偿行为。

当人们在生理或心理上感到受挫时，就会不自觉地用其他方法或在其他领域来弥补这种缺憾，以缓解焦虑，减轻内心的不安。

经常进行报复性熬夜的人往往是因为白天没有时间做自己想做的事，于是利用晚上的时间进行补偿。也可能是由于平时工作紧张，压力较大，内心有各种焦虑情绪，又没有正确的方法及时宣泄，导致难以入睡。与其躺在床上干着急，不如通过刷综艺、玩游戏、刷朋友圈等方式来进行补偿。虽然这些行为能使人获得暂时的快感，但是报复性熬夜并不能真正减轻焦虑情绪，反而会因为熬夜而更加焦虑，形成恶性循环。

报复性熬夜说到底报复的是自己的健康，容易导致内分泌失调、皮肤变差、超重、肥胖、肝脏受损、胃肠功能紊乱、心脏受损、免疫力下降、注意力和记忆力下降等各种问题，严重的还可能增加患癌风险。

中医理论认为，晚上9点到11点是三焦经当令，也是免疫系统排毒的时间。这段时间内可以结束一天的生活，开始保持安静，听听音乐，准备睡觉，进入梦乡。晚上11点到凌晨1点是胆经当令，有"子时到，必睡觉"的说法，此时保证良好的睡眠对一天都至关重要。凌晨1点到3点是肝经当令，宜养肝血，藏阳气，千万不能熬夜。凌晨3点至5点是肺经当令，是人从静变动的开始，是转化的过程，需要一个深度的睡眠。凌晨5点至7点是大肠经当令，正好睡醒了起来排便。

有研究表明，晚上11点前入睡的早睡人群，第二天的精神状态非常好，而过了凌晨1点才入睡的晚睡人群，第二天有58.3%的人精神状态很差。

因此，正确的睡眠方式是：立刻停止报复性熬夜，保证24小时内的精力收支平衡。如何做到呢？

首先，在思想上对报复性熬夜要有一个正确的认识，即报复性熬夜是有害的，是不健康的。其次，要有意识地减少社交时间，远离手机，尽量慢慢回归到正常的生物钟，养成早睡早起的良好睡眠习惯。最后，充分利用好早起的时间，让自己自由支配。

有时因为工作需要偶尔熬一两次夜也未尝不可，但绝对不能将其常态化。尽量在白天抓紧时间，处理好各种事务，晚上该睡觉时保证准时睡觉。如果因为心理压力较大导致失眠，不妨寻求心理帮助。

愿每个人都能在静谧的夜晚，抛开一切繁杂，享受属于自己的安眠时间。

在交谈中纾解压力，有助于恢复活力

经济在发展，时代在进步，新行业在不断涌现，随之而来的是日益增多的社会心理刺激，让人们感受到了前所未有的压力。这些压力有的来自工作方面：可能与个人的职业发展有关，比如对工作能力的担忧，对未来发展前景的思虑。有的压力来自家庭：也许由于与家人的关系不好，或者家庭经济存在问题等。还有的来自自身：有些人天生性格比较悲观，总是关注现实生活中的负面因素，总会消极思考问题。所有这些都会造成较大的心理压力。

长时间、多方面的心理压力会给人的身心健康造成极大的伤害，包括生理、认知、情绪及行为等各个方面。比如，压力可能引起头晕、胃痛、心跳加快以及肌肉紧张等各种不适；压力使人注意力难以集中、失眠、记忆力衰退、判断力下降，甚至出现思维混乱和反应速度减慢等情况；压力还会导致许多行为异常，如精神萎靡不振、行为举止古怪、人际关系恶劣、语言问题增多、兴趣和性欲减弱等。

事实上，心理压力人人都有。如果这些压力严重影响了你的工作、学习和生活，请务必及时纾解。

日常生活中纾解压力的方法有很多，比如保证充足的睡眠，让身体放松；听喜欢的音乐，让内心变得宁静平和；坚持运动健身，通过汗水带走身上的郁气；适当满足一下自己的愿望，让心态变得乐观起来。还有一种很不错的方法——与别人交谈。

有学者说，心理压力过多过大，可能是我们的性格影响了我们遇事的应对策略，或者我们处理生活中困境的方式出了问题。有些人遇到压力可能会采取逃避的方式，把自己封闭起来，消极应对，比如大量吸烟、酗酒买醉、沉迷游戏等。而有些人则以开放的姿态，采取与朋友交谈倾诉的方式来缓解和释放压力。无疑，后者的方式更加积极健康。

一项研究表明，在工作中，内向、害羞的人更容易感到疲惫，而外向的人则精力更充沛。这是因为喜欢与人交谈的人善于发现乐趣，把自己的烦恼、压力以及倒霉的事情一股脑地说出来，就不会感觉累和无聊。因此，逐渐尝试多与他人交谈，的确是一种释放压力的有效方法。

有人说："快乐与人分享就是两份快乐，痛苦与人分担就是半份痛苦。"与他人多交流不仅可以减轻痛苦，还能让自己更加快乐，何乐而不为呢？

通过与他人交谈，你会慢慢发现自己并不是孤军奋战。许多人和你一样也经历过或正在经历相似的困惑和压力。老天并非专门针对你，有些事情是每个人都必须经历的。这样一来，你的心境会变得更加坦然。而且，个人的力量毕竟有限，当你苦思冥想也找不到解决问题的方法时，通过与人交流，可以学习和借鉴他人应对压力的科学合理的方法，从而提升自信心。

交谈时，选择交谈对象很重要。不能不分对象，随心所欲。"积极的人像太阳，照到哪里哪里亮；消极的人像月亮，初一十五不一样。"如果你常跟悲观、喜欢抱怨的人在一起交谈，他对你的事情并不会很关心，仅仅是泛泛而谈，敷衍了事，甚至嘲笑奚落。不但你的压力无法消解，反而他的坏情绪还会传染给你，让你能量耗竭，压力更大。不妨尝试多和积极乐观的人交谈，因为他们的积极乐观会感染你。时间久了，你也会慢慢受其影响，对待事物的看法开始转变，心理压力随之纾解，从而重新充满活力。

可以多与同事、朋友交流。同事对你的工作情况比较了解，甚至与你有相同的经历，容易与你产生思想共鸣，给予你很多工作上的支持。通过交流，你既可以表达自己的想法，又能够听取对方的意见，还能学习同事的优点，弥补自己的不足。与志同道合的朋友在一起时，既可以分享曾经的喜怒哀乐，又能够毫无顾忌地畅所欲言，还能接收到他们无私的意见和建议，增进彼此间的友谊。

还可以选择与家人交谈。家人是你最亲近的人，大多会站在你的立场上看待一些事情，并尽可能地为你出谋划策。在家人面前，一般人都不太会压抑自己，也都愿意将痛苦和难处和盘托出。这种交谈会让你感到温暖和被尊重、被理解，有助于你正确地看待问题。作为成年人，向父母倾诉时一定要分情况、分内容，尤其是对婚姻、家庭中的矛盾一定要谨慎，因为父母往往会因为袒护自己的子女而对对方存在偏见，时间久了会影响夫妻间的感情。工作上的烦恼倒是可以有选择地告诉父母，比如最近工作太辛苦，受到不公平待遇之类的，父母绝对是最忠实的听众、最坚强的后盾，陪你成长，给你力量。

当感觉自己压力过大无处排解时，可以找专业的心理咨询师聊聊。心理咨询师作为陌生人，处于你的日常生活之外，在他们面前你不需要掩饰，反而更容易坦诚地说出问题和压力。他们更善于倾听，懂得疏导技巧，会让你获得不同于家人、同事和朋友的体验，使你有不一样的感受与心理体验。

与人交谈时不妨注意以下几点。

（1）要注意自己的态度，谦逊、尊重、不盛气凌人。交谈不要流于肤浅的几句话，而是要能深入对方的内心深处。找双方共同感兴趣的话题。和同事可以聊工作上的事情，和家人朋友多聊彼此的感受、未来的打算、曾经的美好等。

（2）要善于换位思考，多从别人的角度思考问题。不要总是以自我为中心，而要多肯定对方的长处，多赞美对方。不要总是盯着别人的短处不放，要多敞开自己。当你敞开心扉接纳并肯定别人的时候，对方也会对你更多一分包容，更愿意和你交谈，自然也就能帮到你，化解你的压力。

（3）要注意自己的措辞，掌握交谈的技巧。多听取别人的意见和建议，不要随便打断别人的谈话，也不要轻易否定别人的观点。即使自己有不同意见，也可以耐心地等对方说完之后再委婉地表达。

（4）要营造和谐轻松的交谈氛围。比如，上班族可以在工作间隙和同事边喝茶边闲聊；可以专门在晚饭后预留一点时间，和家人边散步边交谈；还可以约三五好友周末小聚，不一定要喝酒，只是坐在一起聊天谈心。

工作张弛结合，获得高质量的专注

记得上学时有两类孩子，一类整天只知道学习，连玩的时间都自动剥夺了；另一类该学的时候认真学习，该玩的时候也能玩得很尽兴。哪一类孩子的学习效率更高呢？很显然是第二类。

有些人一天到晚忙于工作，不敢给自己任何休息时间。

只知道死学习和只知道整天忙于工作的这些人，其实不懂得学习、工作与生活的张弛之道。其结果只能让大脑过度使用，长期在疲劳状态下学习、工作，造成免疫力低下，甚至生病，同时会产生焦虑情绪，从而导致注意力不集中、效率低下。

中国古代一部重要的典籍《礼记·杂记下》中提到：文武之道，一张一弛。本意是指宽严结合，是文王武王治理国家的方法。现在用来比喻生活的松紧和工作的劳逸要合理安排。所以，要想获得高质量的专注，能够张弛结合才是正道。

如何做到张弛结合呢？

工作过程中要做到张弛结合

适当的休息能让紧张的工作立刻放松下来。张弛有道才能更好。比如，研究发现，对于那些经过多年军事训练、体格健壮的士兵来说，只要能在行军过程中每小时休息10分钟，他们的行军速度就会明显提升，而且能坚持更长的时间。

所以，当工作中遇到一时半会儿没有办法解决的困难时，不妨稍事休息，去倒杯茶，喝杯咖啡，换换脑子接着干。工作一段时间，感觉比较累时，不妨站起来，深吸一口气（数3下），然后呼出（数6下），找本杂志翻翻，到网上浏览一些轻松话题，找人聊聊。工作一天下来，换换脑子，早早入睡等。

一定要养成累了就及时休息的习惯。只有主动地、适当且充分地休息，才既有利于身体健康，还能保证充沛的精力去应对工作。

不做工作狂

有些人总是把工作看得太重，一工作起来就停不下来，对加班加点习以为常。一项工作完成后茫然不知所措，唯有借助下一段忙碌来寻找"存在感"。没有自己的休闲娱乐时间，也无法忍受脱离工作过于休闲，甚至连吃饭和睡觉的时间都被压缩。如果你也是这样，可以说你就是个工作狂了。

工作狂的表现叫工作成瘾综合征，它是对工作的一种过度依赖，表现为对现实生活失去兴趣；工作时间超过一般的限度，以此来获得心理满足。这是一种病态行为。可能的原因是这些人对自己期望过高，不懂得营造属于自己的生活，把工作当作逃避现实的手段，靠不停地工作来建立自信。有些工作狂也是被逼无奈，遇到了高压环境，不得不如此，这另当别论。但是，工作固然很重要，绝不能因为工作而失去自我。

生活不只有眼前的苟且，还有诗和远方

要清楚人生的成功不应该仅仅包括事业上的成功，还应该包括家庭的美满和生活的幸福。工作只是创造生活的手段，而不是生活的全部，要学会享受生活。

可以尝试着慢慢培养一些与工作无关的业余爱好，在8小时之外给自己安排一些有益的活动。学会适当偷懒，享受偷懒所带来的乐趣。留意身边发生的一切，早上看日出，晚上看日落、看流星，试着慢慢咀嚼一粒葡萄干，体会葡萄干在口中散发的甜香……

8小时之外，时间是自己的

对于工作需要做什么、截止时间是什么等，每天、每月都要提前做出规划，否则就会感觉烦乱，觉得这个也没做完，那个也需要做，结果忙而无序，弄得自己整天忙忙碌碌。要尽量做到工作时就认真工作，所有事情在下班之前搞定，不加班，不把工作带回家。实在没有完成的任务放到第二天解决，把8小时之外的时间完全留给自己。

跨出单位门的那一刻，要立刻切换开关，回归生活角色，尽情享受生活。回家可以多陪陪孩子，陪陪配偶和父母。人生很短，别总觉得来日方长，再不陪，孩子长大了，父母变老了，就没有机会陪伴了。休息日和休年假的时候不妨带着家人出去好好玩玩，听听音乐，看场电影，安排一次旅行，让身心得以彻底放松。

事实证明，劳逸结合、张弛有度的学习、工作和生活态度才能够让你专注力更强，让工作变得更有效率！

"例行公事"的力量——为你按下放松开关

"例行公事"这个词指按照惯例处理公事，有些刻板和形式主义的意味。如果你能把一些事情变成例行公事，就像每天的刷牙、洗脸、按时三餐成为习惯，不用思考、不用催促就能自动去做一样，每天按时锻炼、按时早睡，在每年、每月、每周刚开始的时候就把这一年、一月、一周的工作安排并分配好，然后按部就班地完成它们的话，这就相当于为自己按下了放松的开关。相信你不会感到紧张，而是能轻松愉快地应对一切。

具体来说，就是把一些事情培养成习惯，尤其是将那些重要的、你想完成的事情变成例行公事。如前面章节所说，先定下目标，然后将大目标一步步分解，分解成容易实现的小目标，并且清楚地知道每天在什么时间该做什么事情。这样，你就可以专注于日常事务，一步一步按部就班地像完成例行公事一样去完成这些任务。既减轻了焦虑情绪，又可以轻松完成。正如公司的运转、国家机器的运转一样，事先规划好，按部就班地去做，就可以了。

一份研究报告显示：人每天有40%的行为并非真正由决定促成，而是出于习惯。人们可以通过习惯的作用，形成各种例行公事般的思维模式和行为模式。因此，要创造出新行为，不妨培养出新习惯，并将其例行公事般地完成。

会开车的朋友一定还记得刚学开车时的情景吧？那时感觉很乱，有那么多动作，总是记不住该先做哪个、后做哪个，显得手忙脚乱，甚至有人把油门当成了刹车。有些人因此觉得自己不是学开车的料。但是，坚持学下来的学员，基本上都会在内心暗示自己：无论如何都能学会。他们相信并无数次在脑海中预演自己独自开车上路，一路驰骋的快乐场景，这些成了学车的动力。经过多次重复训练之后，他们不仅学会了，而且能够流畅自如地驾驶。上车后，再也不需要考虑先做什么、再做什么，因为这已经变成了习惯。你已经把开车当作例行公事，不需要思考就可以轻松应对。

也就是说，先从不会到慢慢学习，再到坚持练习，只要能够坚持一段时间，让这件事变成一种习惯，就很难被打破。事实上，一旦习惯开始发挥作用，大脑的灰质就会平静下来，或者去进行其他的思考活动。

有位作者从2012年12月28日开始做第一个俯卧撑，并每天坚持。两年后，他不仅拥有了理想的身形，还阅读了大量的文章，自己也成了畅销书的作者。他就是从培养一个微小的习惯开始，并把这个微小的习惯当作每天的例行公事，从不间断地执行，这样反而每天做事情都觉得很轻松。

有学者提到，科学家认为习惯之所以形成，是因为大脑一直在寻找可以节省精力的方式。该学者还提到："习惯是这样产生的：把暗示、惯常行为和奖赏拼在一起，然后培养一种渴求来驱动这一回路。"

众多研究表明，暗示和奖赏本身并不足以让新习惯长期持续。只有当你的大脑开始预期奖赏，渴求内啡肽的分泌或成就感时，你才会采取行动。比如，你想每天晚上坚持散步，可以选择一个简单的暗示：晚饭后准备好跑鞋。预期的奖励是每天微信步数排名靠前。这样就可以驱动你做出出去散步的行动，习惯也就慢慢养成了。先从最简单的穿上跑鞋走几步开始，也许走着走着自己就想走更多步。每天坚持，习惯养成之后，就成了你每天的例行公事，不需要多思考，不用紧张准备，到时候自然就会出去散步了。

笔者常常利用培养习惯的方法激励自己做事。比如，每天要求自己写两篇文章，首先暗示自己：只要坐到书桌前，打开电脑就可以开始了。预期的奖赏是，通过书写文字，体现自己的价值，并预期完成作品之后的成就感。有了暗示和预期的奖赏，自然会驱动笔者每天在固定时间坐在书桌前写作。虽然需要动脑，但行动起来就是一个好的开始。最开始时，可能无法一下子写出很多文字，就鼓励自己即使只敲10个字也行。敲着敲着，思路越来越开阔，也就越写越多了。

要想完成一件事，最好将其培养成一个新习惯。而养成新习惯的诀窍在于尽可能地简化这件事，并成功做好它，然后坚持。当这件事变成一种习惯后，就很难被打破。

把你想要改变的一切，想要实现的目标，都培养成习惯，变成每日的例行公事吧！这样可以让自己轻松高效地行动。每天阅读、写文章、早起、晨练、冥想、专注工作、专注学习……只要你愿意，相信这些都会成为你的习惯，成为你每天不可或缺的例行公事，不需要动太多的脑筋，就能轻松搞定。说不定哪一天没有做还会觉得心里空落落的呢！